21 世纪高等职业教育计算机技术规划教材

21 ShiJi GaoDeng ZhiYe JiaoYu JiSuanJi JiShu GuiHua JiaoCai

Visual Basic 程序设计实践教程

Visual Basic CHENGXU SHEJI SHIJIAN JIAOCHENG

钱荣华 刘瑶 主编

刘三满 王睿 江兆银 副主编

人民邮电出版社

北京

图书在版编目（CIP）数据

Visual Basic程序设计实践教程 / 钱荣华，刘瑶主编. -- 北京 : 人民邮电出版社，2012.9（2021.1重印）
21世纪高等职业教育计算机技术规划教材
ISBN 978-7-115-28317-7

Ⅰ. ①V… Ⅱ. ①钱… ②刘… Ⅲ. ①BASIC语言－程序设计－高等职业教育－教材 Ⅳ. ①TP312

中国版本图书馆CIP数据核字(2012)第155808号

内 容 提 要

本书是《Visual Basic 程序设计实用教程》（人民邮电出版社出版）一书的配套教材，也可以单独使用，内容包括 22 个单项实验、3 个综合实验和 3 个实训实例。

本书紧密围绕主教材的教学思路，继承其“任务驱动、案例教学、理实一体化”的新教学模式，精心设计了有代表性的实验内容，每个实验采用“知识点讲解—实验指导—知识拓展与思考”的思路精心组织，在适度的基础知识和理论体系覆盖下，突出实用性和可操作性；着重知识点的总结、编程思路的训练以及上机实践环节的指导。每个实验均为一个功能实用的案例，功能彼此独立，知识相互关联。此外，本书的实训实例还介绍了项目开发的实际过程，可作为课程设计、毕业设计的指导和参考内容。

本书适合作为高等职业院校计算机及相关专业的“Visual Basic 程序设计”课程的实验、实践教材，也可作为软件学院、计算机培训班的教材及相关技术人员的参考用书。

◆ 主　　编　钱荣华　刘　瑶
　副 主 编　刘三满　王　睿　江兆银
　责任编辑　王　威
◆ 人民邮电出版社出版发行　　北京市丰台区成寿寺路 11 号
　邮编　100164　　电子邮件　315@ptpress.com.cn
　网址　http://www.ptpress.com.cn
　北京七彩京通数码快印有限公司印刷
◆ 开本：787×1092　1/16
　印张：11.5　　　　　　　　2012 年 9 月第 1 版
　字数：282 千字　　　　　　2021 年 1 月北京第 8 次印刷

ISBN 978-7-115-28317-7

定价：28.00 元

读者服务热线：(010)81055256　印装质量热线：(010)81055316
反盗版热线：(010)81055315

前言

Visual Basic（简称 VB）是一种由微软公司开发的包含协助开发环境的事件驱动编程语言，具有可视化的界面、简洁的语句、强大的功能以及易学易用的特点。近年来，高职院校普遍将“Visual Basic 程序设计”列为必修课程。本书是《Visual Basic 程序设计实用教程》（刘瑶 主编）的配套实验教材，在适度的基础知识和理论体系覆盖下，突出实用性和可操作性；本书着重知识点的总结、编程思路的训练以及上机实践环节的指导，从而达到较理想的教学效果。

本书共分两部分。第一部分实验指导按照知识体系结构分为 9 章，每章有若干个实验，每个实验采用“知识点讲解—实验指导—知识拓展与思考”的思路精心组织内容，每个实验题目的选定、编排次序、知识点的讲解及程序调试都是经过编者一再斟酌，反复研究和讨论的。针对实验题目，还给出了实验思考，以启发实验者。

第二部分为实训指导，由 3 个综合实训构成：“简单计算器”是数组与选择结构程序设计的综合运用；“记事本”介绍了外部控件的引入及使用，综合运用菜单与文件的操作来实现实训任务；“考试系统”介绍了读取 Excel 数据的方法，是程序控制结构及各种控件的综合运用。

本书适合作为高职高专院校相关专业的计算机教材，也可作为软件学院、计算机培训班的教材，还可作为计算机等级考试二级 Visual Basic 程序设计的培训教材和广大程序设计语言入门者的自学参考用书。

本书由钱荣华、刘瑶担任主编，刘三满、王睿、江兆银担任副主编。参与编写工作的还有朱勇、梅建东、肖艳群、薛景，扬州市职业大学信息工程学院孙华峰院长主审了全书，并提出了很多宝贵的修改意见。本书在编写和出版过程中，孙华峰、高晓蓉给予了大力支持与帮助，扬州市职业大学的各级领导和信息工程学院的老师也给予了支持和帮助，在此一并表示诚挚的感谢！

由于时间仓促，加之水平有限，书中难免存在错误和不妥之处，敬请广大读者批评指正。

编 者

2010 年 4 月

目　录

第 1 章 Visual Basic 概述

实验一 认识 Visual Basic 环境

题目：创建一个有趣的"欢迎界面"。

【实验目的】

（1）熟悉 Visual Basic（简称"VB"）的开发环境。

（2）学习编写简单的 VB 应用程序。

【实验内容】

（1）VB 集成环境的使用。

（2）控件的基本操作。

（3）编写简单的 Windows 应用程序。

【预备知识】

Visual Basic 是一种面向对象的程序设计语言。在面向对象的程序设计中，把具有共性的程序和数据封装起来视为一个对象，每个对象都作为一个完整的独立组件出现在程序中。面向对象的程序设计主要将问题抽象成许多类，对象是类的实例，程序是由对象和针对对象进行操作的语句组成的。因此，类与对象是面向对象程序设计中最重要的概念。

1．对象与类的概念

（1）对象。

对象（Object）是指可以独立存在的、可以被区分的，具有一定结构、属性和功能的实体，也可以是一些概念上的实体，是代码和数据的集合。在日常生活中，对象就是我们认识世界的基本单元，整个世界就是由各种各样的对象构成的，如一个人、一辆汽车、一个足球等。对象还可以包含其他对象，也就是说对象可以由多个子对象组成。例如，汽车就是由车身、车轮等子对象组成的；计算机就是由主机、显示器、键盘和鼠标等子对象组成的；整个世界都可以认为是一个非常复杂的对象。

VB 程序设计的基本单元是对象。整个应用程序就是一个对象，应用程序中还包含窗体、命令按钮、列表框等对象。

（2）类。

类（Class）是对象的模板，是对一组具有共同属性特征和行为特征的对象的抽象。例如，由一个个大学生构成的“大学生”类，其中的每一个大学生是“大学生”类的一个对象。类在现实世界中并不真正存在。例如，在地球上并没有抽象的“人”，只有一个个具体的人，如张三、李四等。

2．创建 VB 程序

创建 VB 应用程序的第一步是创建窗体，这些窗体是程序运行的界面基础，控件是放置在窗体中的构成界面的具体对象，而代码则控制程序的运行过程。

（1）创建窗体。

窗体界面如图 1-1 所示。

窗体具有标准窗口的一切功能，可被移动和改变大小。窗体的标题栏用来显示窗体隶属的工程名和窗体名称。每个窗体必须有一个唯一的名称，建立窗体时默认的名称是 Form1、Form2……在设计状态下，窗体是可见的。

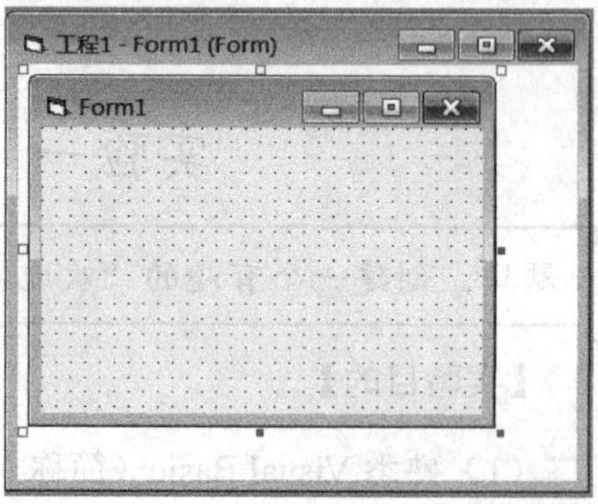

图 1-1　窗体界面

（2）控件添加。

① 在窗体中放置控件的方法有以下两种。

方法一：在工具箱中双击选定的控件。

方法二：在工具箱中单击选定的控件，拖动变成十字形的鼠标指针至合适大小，松开鼠标。

② 调整控件大小的方法有以下两种。

方法一：选中要调整的控件，将鼠标指针定位到控件周围的某个拖曳柄上，拖动该拖曳柄直到想要的大小为止，松开鼠标。

方法二：选中要调整的控件，用【Shift】+【↑】、【↓】、【←】、【→】调整控件大小。

（3）对象的属性。

对象都有自已的属性。它们是用来描述和反映对象特征的参数。例如，窗体名称（Name）、标题（Caption）、颜色（Color）、字体（FontName）等都是属性。

对象属性设置的方法有以下两种。

方法一：在设计模式下，通过属性窗口直接设置对象的属性。

方法二：在程序的代码中通过赋值实现，其格式为：对象.属性=属性值。例如，Form1.Caption="显示"。

（4）编写事件驱动程序。

VB 采用事件驱动机制，程序代码是针对某个对象事件编写的，每个事件对应一个事件过程。

① 代码窗口。

在代码窗口中输入和编辑过程。要输入过程中的代码，必须先打开代码窗口，可以用 4 种方式打开。

方式一：双击要编写代码的窗体或控件。

方式二：执行“视图”菜单中的“代码窗口”命令。

方式三：按 F7 键。

方式四：单击“工程资源管理器”按钮，从窗口中选定窗体的名称，然后单击“查看代码”按钮。

② 编写代码。

进入事件过程后，可以编写或修改相应的事件过程代码。事件过程的表示格式如下。

```
Private   Sub  窗口或控件名称_事件名称（[形参表]）
    [程序段]
End   Sub
```

3．几个常用控件

（1）标签。

标签主要用来显示文本信息，它所显示的内容只能用 Caption 属性来设置或修改。

标签常用属性如下。

① Autosize：自动调整标签大小。默认值是 False，表示不自动调整标签大小。

② BorderSytle：设置标签的边框。默认值是 0，表示标签无边框。

③ Caption：用来在标签中显示文本。标签中的文本只能用 Caption 属性显示。

④ BackStyle：设置标签的背景是否透明。默认值是 1，表示不透明。

（2）文本框。

文本框是一个文本编辑区域，可以用来输入或输出文本。

文本框常用属性如下。

① Text：用来设置文本框中显示的内容。

② Locked：用来指定文本框是否可被编辑。默认值是 False，表示可以编辑。

③ PasswordChar：用于口令输入。

（3）命令按钮。

命令按钮用来在单击时执行指定的操作。

命令按钮常用属性如下。

① Caption：命令按钮标题。

② Enabled：用来激活或禁止对象。默认值是 True，表示激活对象。

命令按钮常用事件是 Click 事件，单击鼠标触发。

（4）计时器。

可以每隔一个时间间隔触发一个计时器事件。

计时器常用属性如下。

① Enabled：决定计时器是否开始计时，默认值是 True，表示计时器开始工作。

② Interval 属性：设置两个计时器事件之间的时间间隔，单位是 ms。

计时器只有 Timer 事件。对于一个含有计时器控件的窗体，每当经过一个 Interval 指定的时间间隔，就触发一次 Timer 事件。

【实验步骤】

如图 1-2 所示，在窗体中有一个显示“欢迎使用 VB 程序设计软件”的标签，单击“动态显示”按钮时文字标签向右移动；单击“取消”按钮时文字标签停止移动；单击“退出”

按钮时程序结束。

步骤如下。

1．创建界面

启动 VB，新建窗体 Form1，参考图 1-3，向 Form1 添加一个标签、3 个命令按钮和一个时钟控件。

图 1-2　运行界面

图 1-3　设计界面

2．设置对象属性

控件属性设置如表 1-1 所示。

表 1-1　　“欢迎界面”窗体及控件的属性设置

控　件	属　性	设 置 值	控　件	属　性	设 置 值
Form	Name Caption	Form1 欢迎界面	CommandButton	Name Caption Default	Command1 动态显示 True
Label	Name Caption	Label1 欢迎使用 VB 程序设计软件	CommandButton	Name Caption Cancel	Command2 取消 True
Timer	Name Interval	Timer1 0	CommandButton	Name Caption	Command3 退出

注意　为了程序界面的美观，可以通过“格式”菜单中的命令调整各个控件的大小、对齐方式等。

3．编写程序代码

双击按钮，调出代码窗口，在不同按钮的单击（Click）事件中编写不同的代码，具体事件过程的设计如下所示。

（1）“动态显示”按钮的 Click 过程。

```
Private Sub Command1_Click()
    Timer1.Interval = 30                '每隔 30ms 触发一次计时器事件
End Sub
```

（2）“取消”按钮的 Click 过程。

```
Private Sub Command2_Click()
    Timer1.Enabled = False
```

```
End Sub
```

（3）“退出”按钮的 Click 过程。

```
Private Sub Command3_Click()
    Unload Me
End Sub
```

（4）时钟的事件过程。

```
Private Sub Timer1_Timer()
  Label1.Move Label1.Left + 20          '标签框左边界向右移动
  If Label1.Left > Form1.Width Then
  Label1.Left = -Label1.Width           '当标签框移出屏幕后，会从另一边出现
  End If
End Sub
```

4．程序运行和调试

（1）单击工具栏的“启动”按钮▸或者按 F5 键运行程序，检查程序窗口中命令按钮是否可用。

（2）单击“动态显示”按钮，检查文字标签是否向右移动。

（3）单击“取消”按钮，检查文字标签是否停止移动。

（4）单击“退出”按钮，检查是否退出程序运行。

（5）如不满意，可单击“结束”按钮■，进入设计模式重新修改。

5．程序改进

在任意时刻单击“动态显示”按钮，文字标签都会向右移动。在“动态显示”按钮的 Click 过程中添加 Timer1.Enabled = True 语句。

6．保存文件

程序设计完成后单击“文件”→“保存工程”命令，将窗体文件保存为 Frm_1_1.frm，将工程文件保存为 Prj_1_1.vbp。

【知识拓展与思考】

1．若要使文字标签向左移动，该如何设计？

2．若单击“取消”按钮使文字标签从窗口中消失，该如何设计？

【习题与思考】

一、选择题

1．VB 中工程文件的扩展名是（　　）。

A．frm　　B．vbp　　C．cls　　D．bas

2．确定窗体标题栏显示内容的属性是（　　）。

A．Name　　B．Text　　C．Caption　　D．Picture

3．为了设置窗体中的某个控件的属性，应使该控件变为活动的，则执行的操作是（　　）。

A．单击窗体　　B．双击窗体　　C．单击该控件　　D．双击该控件

4．在下列有关 Visual Basic 的叙述中，错误的是（　　）。

A．VB 是面向过程的程序设计语言　　B．VB 采用了事件驱动的编程机制

C．VB 是面向对象的编程语言　　D．VB 是可视化的程序设计语言

5．VB 开发环境中用于编写程序代码的窗口是（　　）。

A．工程资源管理器　　B．属性窗口

C．工具栏　　D．代码编辑器窗口

6．VB 提供控件的窗口是（　　）。

A．工具栏　　B．文本框　　C．工具箱　　D．属性窗口

二、填空题

1．在保存 VB 程序时，窗体文件的扩展名是__________。

2．有如下程序代码：label1.caption=“VB 学习”，则 label1、caption、“VB 学习”分别表示 __________、__________、__________。

3．在 VB 中，一个工程中的对象通常指的是__________和__________。

4．在用 VB 编程时，一般需要__________、__________和 __________ 3 个基本步骤。

5．给窗体加载背景图片，应使用属性窗口中的 __________属性。

三、编程题

在窗体上添加两个标签、两个文本框和两个命令按钮，把标签和命令按钮的标题分别设置为“输入口令”、“显示口令”、“显示”和“退出”。输入的口令在第一个文本框中不可见，以“*”代替；单击“显示”按钮时，口令在第二个文本框中出现；单击“退出”按钮时，程序结束运行。

第2章 窗体和菜单设计

实验一 窗体设计

题目：编写一个长度单位换算的程序。

【实验目的】

（1）掌握窗体的常用属性、事件和方法。

（2）掌握标签控件的常用属性。

（3）掌握文本框控件的常用属性、事件和方法。

（4）掌握按钮控件的常用属性、事件和方法。

（5）学会控件布局工具的使用。

【实验内容】

（1）创建主窗体并设置相关属性。

（2）创建相关控件并进行合理布局。

（3）给按钮编写响应事件代码。

【预备知识】

窗体是 Visual Basic 中的重要对象。窗体除了有自己的属性、事件和方法外，还可以作为其他控件的容器。窗体是一块“画布”，在窗体上可以直观地建立应用程序。编写 Windows 应用程序实际就是设置窗体的属性并编写响应事件的代码。

标签、文本框和命令按钮是窗体中最常用的控件。标签主要用来标注和显示文本信息，而不能输入信息。可以用标签为文本框、列表框和组合框等控件添加描述性的文字。文本框在窗体中为用户提供一个既能显示文本又能编辑文本的区域，用户可以在该区域输入、编辑、修改和显示正文内容，即用户可以创建一个文本编辑器进行输入、删除、选择、复制、粘贴等各种操作。命令按钮的应用十分广泛，当用户选择单击某个命令按钮时就会发生相应的事件过程。单击不同的命令按钮将执行不同的操作，因此，命令按钮使程序的执行既简单又形象。

1．窗体的常用属性、事件和方法

（1）窗体的常用属性。

Name：该属性用来定义对象的名称且适用于所有对象，在程序代码中用这个名称引用该对象。

Caption：该属性用来定义窗体的标题。标题内容最好能概括说明本窗体的作用。

Height 和 Width：Height 属性用来指定窗体的高度，Width 属性用来指定窗体的宽度。

Left 和 Top：Left 属性用于设置窗体的左边界与屏幕左边界的相对距离，Top 属性用于设置窗体的顶边界与屏幕顶边界的相对距离。

Enabled：设置对象是否能够对用户产生的事件做出反应。

Font：该属性设置窗体上显示文本的外观。由于窗体容器中的子控件默认继承窗体的 Font 属性，所以可以用窗体的 Font 属性快速设置窗体容器中的每一个子控件的 Font 属性。

（2）窗体的常用事件和方法。

Click 和 DblClick：单击窗体触发 Click 事件，双击窗体触发 DblClick 事件。

Load 和 Unload：程序运行后，把窗体装入工作区，就会自动触发窗体的 Load 事件。关闭窗体或执行 Unload 语句时，就会触发窗体的 Unload 事件。

2．标签的常用属性

Caption：该属性用于设置标签要显示的内容。

Autosize：Autosize 属性为 True 时自动调整大小，为 False 时保持原设计时的大小，正文若太长会自动裁剪掉。

Alignment：该属性用来设置标题属性 Caption 的对齐方式。

3．文本框的常用属性、事件和方法

（1）文本框的常用属性。

Text：在文本框中显示的正文内容存放在该属性中。当文本内容发生改变时，Text 属性也会随之变化。

MaxLength：该属性用于限定文本框中可以输入的最大字符数。默认值为 0，表示任意长度。

Multiline：该属性决定文本框是否接收多行文本。Multi Line 属性设置为 True 时，文本框可接收多行文本，文本长度超过文本框宽度时，文本可以自动换行。MultiLine 属性设置为 False 时，仅一行，默认值为 False。

PasswordChar：该属性设置显示文本框中的替代符，一般以“*”显示。

Locked：该属性用来指定文本框中的内容是否可被修改，将 Locked 属性设置为 True，则禁止用户修改文本框中内容；默认值为 False，表示可以编辑。

ScrollBars：该属性用于决定文本框中是否有滚动条。

（2）文本框的常用事件和方法。

Change：当用户输入新内容或程序将 Text 属性设置新值，从而改变文本框的 Text 属性时会引发该事件。

KeyPress：当进行文本输入时，每一次键盘的输入都使控件在接收一个 ASCII 码的同时触发 KeyPress 事件。

LostFocus：该事件是在文本框失去焦点时触发的，焦点的丢失是由于用户按下制表键（Tab）时光标离开文本框或单击选择另一个对象操作的结果。

GotFocus：当文本框具有输入焦点时，触发该事件，使键盘上输入的每个字符都在该文本框中显示。

SetFocus：该方法可以把光标移到指定的文本框中。

4．按钮的常用属性、事件和方法

（1）按钮的常用属性。

Caption：该属性表示按钮上显示的文字。如果在某字母前加“&”设置快捷键，则程序运行时按钮中的该字母带有下画线，当用户按下 Alt+该快捷键时，便可激活并操作该按钮。

Default：Default 属性用于设置默认命令按钮。当 Default 属性设置为 True 时，则不管窗体上的哪个控件有焦点，按 Enter 键都相当于用鼠标单击了该按钮。

Cancel：当 Cancel 属性设置为 True 时，则不管窗体上的哪个控件有焦点，按 Esc 键都相当于用鼠标单击了该按钮。

（2）按钮的常用事件。

当单击按钮时触发 Click 事件。

5．控件的布局

为了程序界面的美观，当窗体中有多个控件时，通常要进行控件布局。VB 的“格式”菜单提供了多种布局的工具，这些工具可以帮我们快速对控件进行对齐、统一尺寸和调整间距。

（1）选中控件。

在进行控件布局之前，要选中参与布局的控件。选择控件可以通过拖选的办法，也可以按住 Ctrl 键不放，依次选择需要参与布局的控件。选中的控件中有一个控件是参照控件，该控件的拖曳柄呈填充色，可以通过鼠标单击来改变参照控件。

（2）移动控件。

可以用鼠标直接拖动控件来移动控件的位置，但鼠标拖动控件不能进行精确定位；按住 Ctrl 键不放，通过光标键可以精确移动控件，一次可以移动一个单位。

（3）控件对齐。

选中要对齐的多个控件，单击作为参照标准的控件，在“格式”菜单的“对齐”子菜单中选择一个对齐的方式即可。

（4）统一控件尺寸。

选中要统一尺寸的多个控件，单击作为参照标准的控件，在“格式”菜单的“统一尺寸”子菜单中选择一个统一尺寸的方式即可。

（5）调整间距。

选中要调整间距的多个控件，在“格式”菜单的“水平间距”或“垂直间距”子菜单中选择一个调整间距的方式即可。

6．焦点和 Tab 顺序

焦点决定了在任何时间由哪一个对象接收鼠标单击或键盘输入的信息。只有当对象具有焦点时，才可以具有接收鼠标单击或键盘输入的能力。在同一时间焦点只有一个，即处于激活状态，只有当所有控件都不具有焦点时，窗体才具有焦点。对于某些对象，是否具有焦点可以通过某些特征看出来。例如，当某个文本框具有焦点时，光标在该文本框中闪烁；当某个命令按钮具有焦点时，该按钮周围的边框突出显示。只有当一个对象的 Enabled 和 Visible

属性均为 True 时，它才能接收焦点。在程序运行时可以通过按 Tab 键轮流切换焦点，也可以在代码中通过 obj.SetFocus 方法使名称为“obj”的控件对象获得焦点。

当按下 Tab 键时，焦点在窗体中各控件之间移动的顺序即为 Tab 顺序。每个窗体都具有相应的 Tab 键的顺序。在默认情况下，Tab 键的顺序与控件对象的建立顺序相同。对于不能接收焦点的控件对象、无效的和不可见的控件，以及 TabStop 属性设为 False 的对象，不会被包含在 Tab 键顺序中。当按下 Tab 键时，这些控件将自动跳过。

【实验步骤】

“长度单位换算”程序运行界面如图 2-1 所示，在任意一个文本框中输入数值，单击后面的“换算”按钮，都会将输入的长度单位数值换算为另外一种单位数值并在相应的文本框中显示出来。

步骤如下。

1．创建界面

启动 VB，新建窗体 Form1，参考图 2-1 向 Form1 中添加两个标签、两个文本框和 3 个命令按钮控件，使用布局工具进行适当的界面布局。

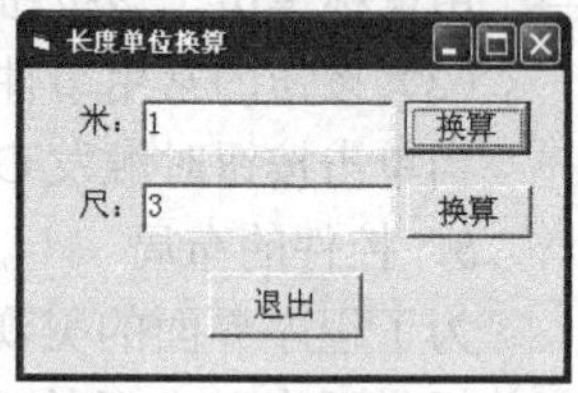

图 2-1　长度单位换算

2．设置对象属性

控件属性设置如表 2-1 所示。

表 2-1　“长度单位换算”窗体及控件的属性设置

控　件	属　性	设 置 值	控　件	属　性	设 置 值
Form	Name Caption Font	Form1 长度单位换算 字体大小为“小四”	TextBox	Name Text	Text2 空白
Label	Name Caption Autosize	Label1 米 True	CommandButton	Name Caption	Command1 换算
Label	Name Caption Autosize	Label2 尺 True	CommandButton	Name Caption	Command2 换算
TextBox	Name Text	Text1 空白	CommandButton	Name Caption	Command3 退出

3．编写程序代码

（1）Command1 按钮的 Click 事件代码。

单击 Command1 按钮时，会将以“米”为单位的长度数值换算为以“尺”为单位的长度数值，并在 Text2 文本框中显示出来。米和尺的换算公式为：1 米=3 尺。代码如下。

```
Private Sub Command1_Click()
    Text2.Text = Text1.Text * 3
End Sub
```

（2）Command2 按钮的 Click 事件代码。

单击 Command2 按钮时，会将以“尺”为单位的长度数值换算为以“米”为单位的长度数值，并在 Text1 文本框中显示出来。代码如下。

```
Private Sub Command2_Click()
    Text1.Text = Text2.Text / 3
End Sub
```

（3）Command3 按钮的 Click 事件代码。

单击“退出”按钮时，程序立即关闭。代码如下。

```
Private Sub Command3_Click()
    End //退出程序
End Sub
```

4．程序运行和测试

（1）按 F5 键运行程序，检查程序窗口中文本框与命令按钮是否可用。

（2）向“米”文本框中输入数值 1，单击其后的“换算”按钮，检查“尺”文本框的内容是否为 3。

（3）向“尺”文本框中输入数值 6，单击其后的“换算”按钮，检查“米”文本框的内容是否为 2。

（4）单击“退出”按钮，检查程序是否会退出。

5．保存文件

单击“保存”按钮，将窗体文件保存为 Frm_2_1.frm，将工程文件保存为 Prj_2_1.vbp。

【知识拓展与思考】

1．为了方便用户操作，当用户将焦点切换到输入框时，程序应自动将所有内容选中，以方便用户重新输入数值。如何实现？

分析与解答：当文本框获得焦点时，会触发文本框的 GotFocus 事件，只要在该事件中设置文本框控件的 SelStart 和 SelLength 属性就可以实现选中所有文本的功能。

Text1 文本框的 GotFocus 事件代码如下。

```
Private Sub Text1_GotFocus()
    Text1.SelStart = 0
    Text1.SelLength = Len(Text1.Text)
End Sub
```

Text2 文本框的 GotFocus 事件代码如下。

```
Private Sub Text2_GotFocus()
    Text2.SelStart = 0
    Text2.SelLength = Len(Text2.Text)
End Sub
```

代码中的 Len 函数用于计算字符串的长度的函数。

实验二　菜单设计

题目：编写一个有菜单的简易记事本程序。

【实验目的】

（1）掌握菜单设计器窗口的使用方法。

（2）掌握下拉式菜单的设计。

【实验内容】

（1）创建记事本界面。

（2）设计菜单项。

（3）编写菜单项事件代码。

【预备知识】

菜单是图形化界面中一个必不可少的组成元素。对于 VB 应用程序来说，当操作比较简单时，一般通过控件来执行；而当要完成较复杂的操作时，使用菜单具有十分明显的优势。在 VB 中，利用系统提供的菜单编辑器可以非常方便地建立下拉式菜单和弹出式菜单。

1．菜单编辑器

VB 6.0 中的菜单编辑器为帮助创建菜单提供了一个简洁明快的制作菜单的界面，如图 2-2 所示。

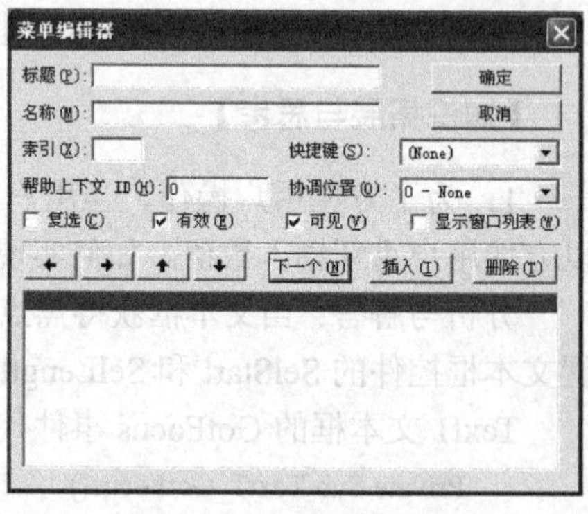

图 2-2 “菜单编辑器”对话框

可以通过以下 4 种方法打开“菜单编辑器”对话框。

- 选择“工具”→“菜单编辑器”命令。
- 使用快捷键 Ctrl+E。
- 单击工具栏上的“菜单编辑器”按钮。
- 在要建立菜单的窗体上用鼠标右键单击，弹出一个快捷菜单，选择“菜单编辑器”命令。

在“菜单编辑器”对话框中可以指定菜单结构，设置菜单项的属性。该对话框分为 3 个部分：数据区、编辑区、菜单项显示区。

（1）数据区。

数据区位于窗口标题栏下面，共有 5 行，用来输入、修改菜单项并设置其属性。其主要属性如下。

① 标题：用来输入所建立菜单的名称及菜单中每个菜单项的标题（即 Caption 属性）。如果在菜单标题的某个字母前输入一个&字符，在窗体上显示时这个字母下面显示一个下画线，表示该字母是一个热键字母。热键是指使用 Alt 键和菜单项标题中一个字母来打开菜单。如果在标题栏输入一个连字符“-”，则可在菜单中加入一条分隔线。利用这个办法将菜单项划分为一些逻辑组。

② 名称：用来输入菜单项的控制名，这个属性不会出现在屏幕上，在程序中用来引用该菜单项（即 Name 属性）。

③ 索引：用来为建立的控件数组设置下标。

④ 快捷键：打开下拉式列表框并选择一个键时，菜单项标题的右边会显示快捷键名称。快捷键与热键类似，只是它不是用来打开菜单，而是直接执行相应菜单项的操作。

⑤ 复选：选择该项，可以在相应的菜单项旁加上指定的记号“√”，指明某个菜单项当前是否处于活动状态。

⑥ 有效：默认该属性为 True，表示相应的菜单项可以对用户事件做出响应。若设置为 False，则相应的菜单项会变“灰”，这时不响应用户事件（即 Enable 属性）。

⑦ 可见：确定该菜单项是否可见。不可见的菜单项是不能被执行的（即 Visible 属性）。

（2）编辑区。

编辑区由 7 个按钮组成，用来对输入的菜单项进行简单的编辑。菜单可在数据区输入，在菜单项显示区显示。

① ← →：用于调整菜单项的级别，单击一次 → 按钮，产生一个内缩符号“…”，表示为上一级的子菜单；单击一次 ← 按钮，删除一个内缩符号，该菜单项被提高一个级别。菜单项的级别最多可以设置 6 级。

② ↑ ↓：通过单击 ↑ 或 ↓ 按钮可将当前选择的菜单项在同级里向上或向下移动一个位置。

③ 下一个：建立下一个菜单项。

④ 插入：在选定的菜单项前插入一个空白菜单项。

⑤ 删除：删除选定的菜单项。

（3）菜单项显示区。

菜单项显示区位于菜单编辑器的下部，显示输入的菜单项，并通过“…”标志表明菜单项的层次。条形光标所在的菜单项是当前菜单项。

2．下拉式菜单

下拉式菜单由一个主菜单和若干子菜单所组成。

菜单中的所有菜单项（包括分隔线）从本质上来说都是与命令按钮相似的控件，有属性、事件和方法。它们能响应 Click 事件，为菜单项编写程序就是编写 Click 事件过程。

3．弹出式菜单

右击对象时弹出的菜单为弹出式菜单，一般集合了很多常用的操作。弹出式菜单是显示在窗体上，独立于菜单栏的浮动式菜单，经常用于快速地在屏幕上显示若干菜单命令。

（1）设计弹出式菜单。

与设计下拉式菜单一样，设计弹出式菜单也是使用菜单编辑器，将菜单（主菜单）的 Visible 属性设置为 False，即在菜单编辑器内不选中可见框，只显示它的下拉菜单项。因此弹出式菜单没有主菜单名，只有在使用时才会在窗体上浮动显示。

（2）显示弹出式菜单。

VB 中的 PopupMenu 方法就是用来显示弹出式菜单的，只要菜单至少包含一个菜单项，就可以显示出这个弹出式菜单。调用 PopupMenu 方法的格式如下。

```
<对象名>.PopupMenu 菜单名[，标志参数[，X[，Y]]]
```

其中，菜单名是必需的，其他参数是可选的。*X*、*Y* 参数指定弹出式菜单显示的位置。标志参数用于进一步定义弹出式菜单的位置和性能，其可设置为表 2-2 中的值。

表 2-2　　标志参数描述

常　数		值	说　明
位置	vbPopupMenuLeftAlign	0	*X* 位置确定弹出式菜单的左边界（默认）
	vbPopupMenuCenterAlign	4	弹出式菜单以 *X* 为中心
	vbPopupMenuRightAlign	8	*X* 位置确定弹出式菜单的右边界
性能	vbPopupMenuLeftButton	0	只能用鼠标左键触发弹出式菜单（默认）
	vbPopupMenuRightButton	2	使用鼠标左键和右键触发弹出式菜单

可以同时选择位置值和性能值，将其用“Or”运算符组合。

一般在对象的 MouseUp 事件里编写对应的代码。

【实验步骤】

“简易记事本”的运行界面如图 2-3 所示。可以通过“字体”菜单下的命令改变编辑框的字体名称和字体大小，字体名称有“宋体”和“黑体”，字体大小有“大字”和“小字”，大字为 32 号，小字为 16 号。

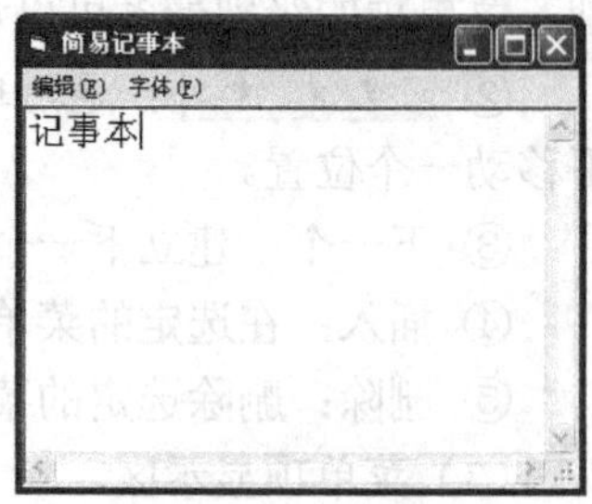

图 2-3　简易记事本

步骤如下。

1．创建界面

启动 VB，新建窗体 Form1，参考图 2-3 向 Form1 添加一个文本框控件。

2．设计对象属性

控件属性设置如表 2-3 所示。

表 2-3　　“简易记事本”窗体及控件的属性设置

控　件	属　性	设 置 值
Form	Name	Form1
	Caption	简易记事本
TextBox	Name	Text1
	Text	空白
	MultiLine	True
	ScrollBars	3 - Both

3．设计菜单

打开“菜单编辑器”对话框，参见表 2-4，对每一个菜单项输入标题、名称并选择相应的快捷键。

表 2-4　　简易记事本的菜单项及其属性设置

菜 单 项	名　称	快 捷 键
编辑（&E）	Mnu_edit	
…剪切	Mnu_cut	

续表

菜 单 项	名　称	快 捷 键
…拷贝	Mnu_copy	
…粘贴	Mnu_past	
…-	Mnu_s1	
…退出	Mnu_exit	Ctrl+X
字体（&F）	Mnu_font	
…宋体	Mnu_songti	
…黑体	Mnu_heiti	
…-	Mnu_s2	
…小字	Mnu_small	
…大字	Mnu_big	
…-	Mnu_s3	
…左对齐	Mnu_left	
…居中对齐	Mnu_center	
…右对齐	Mnu_right	

4．编写程序代码

（1）Form1 窗体的 Load 事件代码。

程序运行后，把窗体装入工作区，就会自动触发窗体的 Load 事件，此时窗体界面并没有显示出来，窗体的 Load 事件代码中通常会做一些程序初始化的操作，如为变量赋初值和改变控件状态等。窗体的 Load 事件中有以下几个初始化任务。

① 初始化 Text1 控件的位置和大小。

记事本程序中要求文本框要填满整个窗体区域，在设计时很难控制文本框刚好填满窗体，通过 Text1 控件的 Move 方法可以很容易做到这一点，代码为 Text1.Move 0, 0, form1.ScaleWidth, form1.ScaleHeight，前两个参数相当于设置 Text1 控件的 Top 和 Left 属性，后两个参数相当于设置 Text1 控件的 Width 和 Height 属性。form1.ScaleWidth 和 form1.ScaleHeight 是 Form1 窗体的可见区域的宽度和高度。

② 初始化 Text1 控件的字体名称和字体大小。

程序启动后，将 Text1 控件的字体名称设置为“宋体”，字体大小设置为小字体（16 号）。

③ 初始化菜单项的状态。

当程序启动后，“编辑”菜单下的“粘贴”菜单项应该是无效状态，因为程序刚刚启动后没有内容可以粘贴，通过设置菜单项的 Enable 属性为 False 即可实现无效状态。

程序启动后，要将“宋体”菜单项和“小字”菜单项前面的复选标记打开，以表示当前 Text1 控件的字体名称为宋体，字体大小为小字。

编辑框默认的对齐方式为左对齐，因此也要将“左对齐”菜单项前面的复选标记打开。

代码如下。

```
Private Sub Form_Load()
    Text1.Move 0, 0, form1.ScaleWidth, form1.ScaleHeight
    Text1.FontSize = 16
```

```
        Text1.FontName = "宋体"
        mnu_past.Enabled = False
        mnu_songti.Checked = True
        mnu_small.Checked = True
        mnu_left.Checked = True
    End Sub
```

（2）“剪切”菜单项的 Click 事件代码。

单击“剪切”菜单项，在文本框中将选中的文本删除，并将删除的文本保存到窗体级全局变量 str 中，以便用于粘贴。因为现在已经有了可以粘贴的文本，所以要将“粘贴”菜单项的状态设置为有效，代码如下。

```
    Private Sub mnu_cut_Click()
        str = Text1.SelText
        Text1.SelText = ""
        mnu_past.Enabled = True
    End Sub
```

（3）“拷贝”菜单项的 Click 事件代码。

单击“拷贝”菜单项，并将选中的文本保存到窗体级全局变量 str 中，然后将“粘贴”菜单项的状态设置为有效，代码如下。

```
    Private Sub mnu_copy_Click()
        str = Text1.SelText
        mnu_past.Enabled = True
    End Sub
```

（4）“粘贴”菜单项的 Click 事件代码。

单击“粘贴”菜单项，将在编辑框的光标处插入 str 变量中的文本，代码如下。

```
    Private Sub mnu_past_Click()
        Text1.SelText = str
    End Sub
```

（5）“退出”菜单项的 Click 事件代码。

单击“退出”菜单项，程序将退出，代码如下。

```
    Private Sub mnu_exit_Click()
        End
    End Sub
```

（6）“宋体”菜单项的 Click 事件代码。

单击“宋体”菜单项，将编辑框的文字字体设置为宋体，同时激活“宋体”菜单项前面的复选标记，清除其他字体名称菜单项前面的复选标记，代码如下。

```
    Private Sub mnu_songti_Click()
        Text1.FontName = "宋体"
        mnu_songti.Checked = True
        mnu_heiti.Checked = False
```

```
End Sub
```

（7）“黑体”菜单项的 Click 事件代码。

“黑体”菜单项与“宋体”菜单项的功能相似，代码如下。

```
Private Sub mnu_heiti_Click()
    Text1.FontName = "黑体"
    mnu_songti.Checked = False
    mnu_heiti.Checked = True
End Sub
```

（8）“小字”菜单项的 Click 事件代码。

单击“小字”菜单项，将编辑框的文字字体大小设置为 16 号，同时激活“小字”菜单项前面的复选标记，清除其他字体大小菜单项前面的复选标记，代码如下。

```
Private Sub mnu_small_Click()
    Text1.FontSize = 16
    mnu_small.Checked = True
    mnu_big.Checked = False
End Sub
```

（9）“大字”菜单项的 Click 事件代码

“大字”菜单项与“小字”菜单项的功能相似，代码如下。

```
Private Sub mnu_big_Click()
    Text1.FontSize = 32
    mnu_small.Checked = False
    mnu_big.Checked = True
End Sub
```

（10）“左对齐”菜单项的 Click 事件代码。

代码如下。

```
Private Sub mnu_left_Click()
    Text1.Alignment = 0 '将 Text1 文本框的对齐方式设置为左对齐
    mnu_left.Checked = True
    mnu_center.Checked = False
    mnu_right.Checked = False
End Sub
```

（11）“居中对齐”菜单项的 Click 事件代码。

代码如下。

```
Private Sub mnu_center_Click()
    Text1.Alignment = 2 '将 Text1 文本框的对齐方式设置为居中对齐
    mnu_left.Checked = False
    mnu_center.Checked = True
    mnu_right.Checked = False
End Sub
```

（12）“右对齐”菜单项的 Click 事件代码。

代码如下。

```
Private Sub mnu_right_Click()
    Text1.Alignment = 1 '将 Text1 文本框的对齐方式设置为右对齐
    mnu_left.Checked = False
    mnu_center.Checked = False
    mnu_right.Checked = True
End Sub
```

5．程序运行和测试

按 F5 键运行程序，检查各菜单项是否可用，并查看执行菜单命令后的效果是否正确。

6．保存文件

单击“保存”按钮，将窗体文件保存为 Frm_2_2.frm，将工程文件保存为 Prj_2_2.vbp。

【拓展与思考】

1．程序运行时，如果改变程序边框的大小会出现什么情况？如何解决？

分析与解答：改变程序窗体大小时，编辑框的大小固定不变，程序的美观性受到影响。如果改变程序窗体大小时，编辑框的大小也能随着改变，就可以解决问题。当改变程序窗体大小时会触发窗体的 Resize 事件，只要在窗体的 Resize 事件中重新设置 Text1 文本框的大小即可，代码如下。

```
Private Sub Form_Resize()
    Text1.Move 0, 0, Me.ScaleWidth, Me.ScaleHeight
End Sub
```

2．为了方便用户操作，通常将常用的菜单命令放入弹出式菜单中。假设本实验中的程序要求将“字体”菜单下的所有菜单项作为弹出式菜单，程序如何设计？

分析与解答：通常通过单击鼠标右键弹出菜单，因此，本例中需要对 Text1 文本框控件的 MouseDown 事件进行编程，Button=2 表示单击鼠标右键，但是，当用户右键单击编辑框时，会自动弹出一个系统自带的弹出式菜单，这将影响用户自定义弹出式菜单的弹出。为了解决这个问题，在调用 popupMenu 方法显示弹出式菜单前需要将 Text1 文本框的 Enable 属性设置为 False，这样就可以禁止系统自带的弹出式菜单，在调用 popupMenu 方法之后，再恢复 Text1 文本框控件的 Enable 属性为 True。代码如下。

```
Private Sub Text1_MouseDown(Button As Integer, Shift As Integer, X As Single, Y As Single)
    If Button = 2 Then
        Text1.Enabled = False
        PopupMenu mnu_font     '弹出字体设置菜单
        Text1.Enabled = True
    End If
End Sub
```

【习题与思考】

一、选择题

1．移动控件位置的组合键（　　）。

A．Shift+方向键　　B．Alt+方向键

C．Ctrl+方向键　　D．空格键+方向键

2．下列关于控件的叙述错误的是（　　）。

A．单击一次工具箱中的控件图标，只能在窗体上画出一个相应的控件

B．按住 Ctrl 键后单击一次工具箱中的控件图标，可以在窗体上画出多个相同类型的控件

C．双击工具箱中的控件图标，所画控件的大小和位置是固定的

D．不使用工具箱中的控件工具，不可以在窗体上画出图形对象，但可以写入文字字符

3．复制当前控件到窗体左上角，应该使用的快捷键是（　　）。

A．执行 Ctrl+V 后，再执行 Ctrl+C

B．Ctrl+V

C．执行 Ctrl+C 后，再执行 Ctrl+V

D．Ctrl+C

4．为了清除窗体上的一个控件，下列操作正确的是（　　）。

A．选择（单击）要清除的控件，然后按回车键

B．按 Esc 键

C．选择（单击）要清除的控件，然后按 Del 键

D．按回车键

5．以下不能作为选中多个控件的方法的是（　　）。

A．按住 Shift 键依次单击每个控件

B．按住 Ctrl 键依次单击每个控件

C．使用鼠标在窗体上拖出一个方框，在框内的控件将所要选中的控件框起来

D．依次单击每个控件

6．在 VB 开发环境中，通过（　　）改变窗体在屏幕中的位置。

A．“属性”窗口　　B．“窗体布局”窗口

C．“监视”窗口　　D．“数据视图”窗口

7．同时改变一个活动控件的高度和宽度，正确的操作是（　　）。

A．拖动控件 4 个角上的某个小方块　　B．只能拖动位于控件右下角的小方块

C．只能拖动位于控件左下角的小方块　　D．不能改变控件的高度和宽度

8．双击工具箱中的图标按钮，就会在（　　）画出该控件。

A．在窗体中央　　B．在光标所在位置

C．随机位置　　D．上一次画的控件之后

9．按下快捷键（　　），再用鼠标拖动可以微调控件的位置（　　）。

A．Ctrl+Shift　　B．Ctrl+空格键

C．Ctrl+方向键　　D．Alt+空格键

二、填空题

1．调整控件位置有用鼠标拖动对象、Ctrl+方向键以及__________、_______等方法。

2．一般情况下，窗体编辑器并不显示在屏幕上，因此可选择____________。

3．如果屏幕上没有“窗体布局窗口”，可选择________________________。

4．选中多个控件，可以按住 Shift 键，然后单击每个控件来选择，还可以用__________方法来选择。

5．“窗体布局窗口”客户区域的左上角代表桌面坐标的______________。

6．调整控件位置一般用鼠标拖动和 Ctrl+方向键的方法进行，这两种方法的移动都以________为单位。

三、判断题

1．在 VB 中可以同时选多个控件。（　　）

2．如误删控件，则可以用 Ctrl+Z 快捷键恢复。（　　）

3．对所有控件来说，调整其大小与位置都是很有必要的。（　　）

4．可以用程序代码在窗体上画控件。（　　）

5．窗体布局调整是决定程序运行时窗体在屏幕上出现的位置。（　　）

6．调整控件时，选中控件后，可以使用“格式”菜单进行布局调整。（　　）

四、编程题

参考系统自带的计算器程序，设计出程序的界面（包括菜单）。

第3章 Visual Basic编程基础

实验一 数据类型与表达式、内部函数

题目：编写一个计算圆的周长和面积的程序。

【实验目的】

（1）掌握基本数据类型。

（2）掌握变量的定义和使用。

（3）掌握各种运算符和表达式的使用方法。

（4）了解各种内部函数的使用方法。

【实验内容】

（1）创建主窗体并设置相关属性。

（2）创建相关控件并进行合理布局。

（3）给按钮编写响应事件代码。

【预备知识】

1．基本数据类型

数据是程序的必要组成部分，也是程序处理的对象。为了更好地处理各种各样的数据，Visual Basic定义了多种数据类型，主要有数值型、字符型、布尔型、日期型、变体型、对象型和用户自定义类型等。

2．标识符的命名规则

标识符包括变量、常量、类型、过程、函数以及其他对象的名字。

标识符的命名规则如下。

（1）只能由字母、数字和下画线“_”组成。

（2）第一个字符必须是英文字母，最后一个字符可以是类型说明符。

（3）字符个数不得超过255个。其中，窗体、控件和模块的标识符长度不能超过40个字符。

（4）不能用VB保留字作标识符，但可以嵌入标识符中；同时，标识符也不能是末尾带

有类型说明符的保留字。例如，Print 和 Print$是非法的标识符，而 Print_Number 是合法的标识符。

（5）在同一个范围内名字必须是唯一的，如同一个过程、同一个窗体等。

（6）VB 中不区分标识符中的大小写，如 MYVAL、Myval、myval 都是指同一个标识符。

3．常量

数据在程序中总是以常量和变量两种形式出现。如果在程序运行过程中数据始终保持不变，则可以用常量来存储该数据，反之则用变量。变量在使用以前必须定义其类型，以便系统为其分配存储空间，不同的数据类型占用的存储空间是不一样的。

常量是在程序运行过程中其值保持不变的量，如数值、字符串等。在 VB 中，常量可以分为一般常量和符号常量两种。

（1）一般常量。

一般常量是在程序代码中直接给出的数据。根据常量的数据类型，一般常量有数值常量、字符常量、逻辑常量和日期常量。

① 数值常量：由十进制 0~9 组成的数字序列。

八进制以&Ｏ开头，如&O21。

十六进制以&Ｈ开头，如&HFF、&H32F。

单精度数如-6.25E8 表示 -6.25×10^{8}。

双精度数如 7.878D-6 表示 7.878×10^{-6}。

② 字符串常量：VB 字符串是由双引号括起来的一串字符。

不含任何字符（长度为 0）的字符串称为空串

③ 逻辑常量：True、False。

④ 日期常量：日期型常量的表现形式有以下两种。

```
#mm/dd/yyyy   hh:mm:ss#
"mm/dd/yyyy   hh:mm:ss"
```

例如，#2011-10-23#。

（2）符号常量。

符号常量是在程序中用符号表示的常量。符号常量分为两大类：一类是系统内部定义的符号常量，这类常量可以随时使用。例如，

```
Form1.BackColor = vbBlue          'vbBlue 是表示蓝色的内部常量
```

另一类常量是用户运用 Const 语句定义的，这类常量必须先声明后使用。Const 语句的语法格式如下。

```
Const 常量名=表达式
```

为了代码的可读性，习惯上，符号常量名采用大写字母表示，例如：

```
Const PI=3.14
```

此时若需在程序中使用π，则可用常量 PI 代替。

4．变量

取值可以改变的量称为变量。在 VB 中用变量临时存储数值。变量有名字（用来引用变量所包含的值的词）和数据类型（确定变量能够存储的数据类型）。

（1）变量的命名规则符合标识符的命名规则，有时为了提高程序的可读性，可在变量名

之前加上一个约定的前缀，用于表示变量的数据类型。变量名约定前缀如表 3-1 所示。

表 3-1　变量名约定的前缀

数据类型	前缀	数据类型	前缀
Integer	int	Currency	Cur
Long	lng	Boolean	Bln
Single	Sng	String	Str
Double	Dbl	Date	Dt
Byte	Byt	variant	vnt

（2）变量的声明。

变量的声明就是事先将变量通知程序，以便系统为其分配存储单元。声明变量的一般格式如下。

Declare　变量名　As　类型

其中，Declare 可以是 Dim、Static、Public、Private；As 是关键字；“类型”可以是任何一种 VB 数据类型。

在变量说明语句中除了可以用 As 数据类型说明变量的数据类型外，也可以采用在变量名后加上一个类型符规定变量的类型。VB 规定的类型符如表 3-2 所示。

表 3-2　VB 类型符

数据类型	类型符	示例	数据类型	类型符	示例
Integer	%	a %	Double	#	a#
Long	&	a&	Currency	@	a@
Single	!	a!	String	$	a$

（3）变量的赋值。

任何变量在定义后都被系统初始化为一个确定的数据。不同类型的变量初始值不同，如数值型变量被初始化为 0，字符串变量被初始化为空字符串，变体型变量被初始化为空值。

除了初始化操作外，用户也可以使用赋值语句给变量赋值。赋值语句的基本格式如下。

[Let] <变量名>=<表达式>

只有当表达式的类型与变量的数据类型兼容时，该表达式的值才可以赋给相应的变量或属性。不管表达式是什么类型，都可以赋给 Variant（变体类型）变量。

（4）变量的作用域。

根据变量的定义位置和所使用的变量定义语句的不同，VB 中的变量可以分为 3 类，即局部（Local）变量、模块（Module）变量和全局（Public）变量，3 种变量的作用域如表 3-3 所示。

表 3-3　变量的作用域

变量类型	作用域	声明位置	使用的关键字
局部变量	过程	过程中	Dim 或 Static
模块变量	窗体模块或标准模块	模块或窗体的声明部分	Dim 或 Private
全局变量	整个应用程序	模块或窗体的声明部分	Public

5．运算符和表达式

运算是对数据进行加工的过程，描述不同运算的符号称为运算符，参与运算的数据称为操作数。

在 VB 中，运算符有算术运算符、字符串运算符、关系运算符、逻辑运算符。

表达式用来表示某个求值规则，是用运算符和圆括号将常量、变量、函数和常数连接起来组成的有意义的式子。

每个表达式都有一个唯一的值作为表达式的值。根据运算符的不同，可以将表达式分为算术表达式、字符串表达式、关系表达式、逻辑表达式。

运算符的优先顺序（从高到低）：函数→算术运算（乘方→取负→乘/除→整除→求余→加/减）→字符串运算符→关系运算符→逻辑运算符（Not→And→Or）。

乘方和负号相邻时，取负优先。例如，2 ^ -2 的结果是 0.25，相当于 2^(-2)。

6．内部函数

VB 中提供了大量的标准函数，用户在程序代码中可随时调用。这些函数有些是通用的，有些与某种操作有关，大体上可分为 5 类：数学函数、字符串函数、日期/时间函数、测试函数、转换函数。函数的一般调用格式如下。

函数名([参数表])

常用内部函数如表 3-4～表 3-8 所示。

表 3-4　　数学函数

函 数 名	函数值类型	功　能	举　例
Abs(x)	同 x 的类型	求 x 的绝对值	Abs(6.8)=6.8，Abs(-8)=8
Sgn(x)	Integer	求实参 x 的符号。$x>0$，其值为 1；$x=0$，其值为 0；$x<0$，其值为-1	Sgn(132)=1，Sgn(−132)= −1，Sgn(0)=0
Sqr(x)	Double	求 x 的算术平方根，$x\geqslant0$	Sqr(49)=7，Sqr(20.25)=4.5
Exp(x)	Double	求自然常数 e 的幂	Exp(1)=2.718 281 828 459 05
Log(x)	Double	求 x 的自然对数，$x>0$	Log(1)=0
Sin(x)	Double	求 x 的正弦值	Sin(0)=0
Cos(x)	Double	求 x 的余弦值	Cos(0)=1
Tan(x)	Double	求 x 的正切值	Tan(0)=0
Atn(x)	Double	求 x 的反正切值，返回单位是弧度	Atn(1)=0.785 398 163 397 448
Int(x)	Integer	求不大于 x 的最大整数	Int(3.8)=3，Int(−3.8)= −4
Fix(x)	Integer	求 x 的整数部分	Fix(3.8)=3，Fix(−3.8)= −3
Rnd[(x)]	Single	求 0～1 的单精度随机数	Rnd(1) ，Rnd

表 3-5　　字符串函数

函 数 名	函数值类型	功　能	举　例
Asc(x)	Integer	求字符串中第 1 个字符的 ASCII 码值	Asc("B")=66，Asc("ABC")=65
Chr(x)	String	求 ASCII 码值为 N 的字符	Chr(67)= "C"
Str(x)	String	将数值型数据 x 转化为字符串，并在前面保留一个空位来表示正负。若 $x>0$，返回的字符串中包含一个前导空格	Str(－12345)= "－12345" Str(12345)= "12345"

续表

函　数　名	函数值类型	功　　能	举　　例
Val(x)	Double	将字符串 *x* 中的数字字符转换成数值型数据	Val("12345abc")=12345，遇到第 1 个非数字的字符时，停止转换
Len(x)	Long	求字符串 *x* 中包含的字符个数	Len("ABC 你好 45")=7
Ucase(x)	String	将字符串 *x* 中的所有小写字母转换成大写字母，原本大写或非字母的字符保持不变	Ucase("Basic")="BASIC"
Lcase(x)	String	将字符串 x 中的所有大写字母转换成小写字母，原本小写或非字母的字符保持不变	Lcase("Basic")="basic"
Space(n)	String	产生 *n* 个空格的字符串	Len(Space(5))=5
String(x,n)	String	产生 *n* 个由 *x* 指定的第 1 个字符组成的字符串，*x* 可以是 ASCII 码值	String(5, "BASIC")="BBBBB" String(5,66)="BBBBB"
Left(x,n)	String	从字符串 *x* 左边截取 *n* 个字符	Left("Basic",4)= "Basi"
Right(x,n)	String	从字符串 *x* 右边截取 *n* 个字符	Right("Basic",4)= "asic"
Mid(x,n1[,n2])	String	从字符串 *x* 中的 *n*1 指定处开始，截取 *n*2 个字符；如 *n*2 省略则返回从 *n*1 到尾端的所有字符	Mid("Basic",2,2)= "as" Mid("Basic",2)= "asic"
Ltrim(x)	String	删除字符串 *x* 的前导空格	Ltrim("　　Basic")="Basic"
Rtrim(x)	String	删除字符串 *x* 的尾部空格	Rtrim("Basic　　")= "Basic"
Trim(x)	String	删除字符串 *x* 的前导空格和尾部空格	Ttrim("　Basic　")="Basic"

表 3-6　　日期时间函数

函　数　名	函数值类型	功　　能	举　　例
Now	Date	返回当前的系统日期和系统时间，无参数	
Date	Date	返回当前的系统日期，无参数	
Time	Date	返回系统时间	
Year(D)	Integer	返回 D 表示的日期中的年份，参数 *x* 可以是任何表示日期的数值、字符串表达式或它们的组合	Year(Now)=2010 Year(# 8/15/2000 #)=2000
Month(D)	Integer	意义同 Year 函数，返回日期 *D* 的月份	Month(Now)=11 Month(# 8/15/2000 #)=8
Day(D)	Integer	返回日期 *D* 的日数	Day(# 8/15/2000 #)=15
WeekDay(D)	Integer	返回日期 *D* 是星期几，数字 1～7 分别代表周日～周六	WeekDay(# 8/15/2000 #)=3
Hour(D)	Integer	返回时间参数 *D* 中的小时数	Hour(Now)
Minute(D)	Integer	返回时间参数 *D* 中的分钟数	Minute(Time)
Second(D)	Integer	返回时间参数 *D* 中的秒数	Second(Now)

表 3-7　　测试函数

函　数　名	函数值类型	功　　能	举　　例
IsNumeric(x)	Boolean	判断参数的值是否为数值型	IsNumeric("53")=True IsNumeric("53 hello")=False
IsDate(x)	Boolean	判断参数的值是否为合法的日期	IsDate(#11/4/2010#)=True IsDate("Hello")=False

续表

函 数 名	函数值类型	功 能	举 例
IsEmpty(x)	Boolean	变量未初始化或被置为空时返回 True	Dim myval IsEmpty(myval)=Ture IsEmpty("aaaa")=False

表 3-8 转换函数

函 数 名	函数值类型	功 能	举 例
Hex(x)	String	将十进制数 *x* 转换成十六进制数	Hex(459)=1CB
Oct(x)	String	将十进制数 *x* 转换成八进制数	Oct(459)=713
Cint(x)	Integer	把参数 *x* 的小数部分四舍五入，转换为整数	Cint(543.67)=544
CLng(x)	Long	把参数 *x* 的小数部分四舍五入，转换为长整数	CLng(23456.78)=23457
CDate(x)	Date	把字符串 *x* 转换成合法的日期格式	CDate("11/6/2010")=#2010-11-6# CDate(1566.65)=#1904-4-14 15:36:00#

【实验步骤】

计算圆的周长和面积的程序运行效果如图 3-1 所示。在“圆的半径”文本框中输入一个圆的半径数值，当单击“计算”按钮时，会在“圆的周长”和“圆的面积”文本框中显示计算后得到的周长值和面积值；单击“清除”按钮时将所有文本框的内容清空；单击“退出”按钮时关闭程序。由于“圆的周长”和“圆的面积”文本框只用来显示计算后的结果，无须用户输入，所以将它们的 Locked 属性设置为 True，禁止用户输入数值。

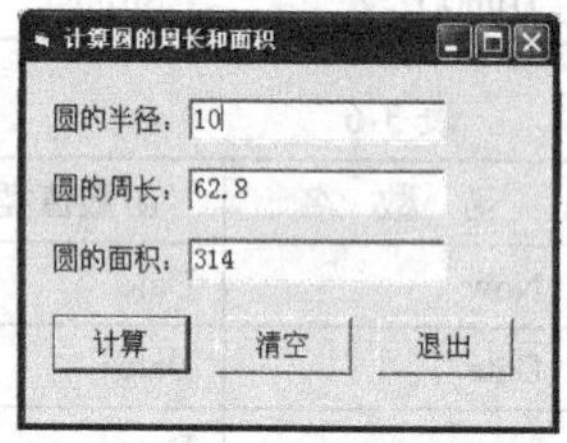

图 3-1 计算圆的周长和面积

步骤如下。

1．创建界面

启动 VB，新建窗体 Form1，参考图 3-1 向 Form1 中添加 3 个标签、3 个文本框和 3 个命令按钮控件，使用布局工具进行适当的界面布局。

2．设置对象属性

控件属性设置如表 3-9 所示。

表 3-9 “计算圆的周长和面积”窗体及控件的属性设置

控 件	属 性	设 置 值	控 件	属 性	设 置 值
Form	Name	Form1	TextBox	Name	Text2
	Caption	计算圆的面积和周长		Text	空白
	Font	字体大小为“小四”		Locked	True
				TabStop	False
Label	Name	Label1	TextBox	Name	Text3
	Caption	圆的半径		Text	空白
	Autosize	True		Locked	True
				TabStop	False

续表

控　件	属　性	设 置 值	控　件	属　性	设 置 值
Label	Name Caption Autosize	Label2 圆的周长 True	CommandButton	Name Caption	Command1 计算
Label	Name Caption Autosize	Label3 圆的面积 True	CommandButton	Name Caption	Command2 清除
TextBox	Name Text	Text1 空白	CommandButton	Name Caption	Command3 退出

3．编写程序代码

（1）常量的定义。

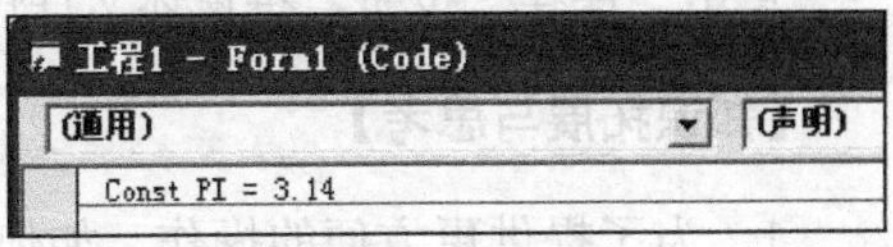

图 3-2　定义常量

如果一个数值要在程序中多次用到，最好将这个数值定义为常量，以方便维护。如图 3-2 所示，在 Form1 窗体代码的“通用”区域定义一个 PI 常量。

（2）Command1 按钮的 Click 事件代码。

单击“计算”按钮时，会根据圆的半径计算周长和面积，然后将结果显示在 Text2 和 Text3 文本框中。用户在 Text1 文本框中输入半径数值，但系统会把输入的内容作为文本看待，所以在程序中首先要通过 val 函数将文本转换为数值并存储在变量 *r* 中，然后根据周长和面积的公式计算周长和面积并分别存储到变量 *c* 和 *a* 中。代码如下。

```
Private Sub Command1_Click()
    Dim r, c, a            '定义变量，r 表示半径，c 表示周长，a 表示面积
    r = Val(Text1.Text)    '将 Text1 文本框中的文本转换为数值赋值给变量 r
    c = 2 * PI * r         '计算周长
    a = PI * r * r         '计算面积
    Text2.Text = c
    Text3.Text = a
End Sub
```

（3）Command2 按钮的 Click 事件代码。

单击“清除”按钮时，会将 3 个文本框的内容全部清空，然后将焦点定位到 Text1 文本框，以方便输入新的半径数值。代码如下。

```
Private Sub Command2_Click()
    Text1.Text = ""
    Text2.Text = ""
    Text3.Text = ""
    Text1.SetFocus         '使 Text1 文本框获得焦点
End Sub
```

（4）Command3 按钮的 Click 事件代码。

单击“退出”按钮时，程序立即关闭。代码如下。

```
Private Sub Command3_Click()
    End
End Sub
```

4．程序运行和测试

（1）按 F5 键运行程序，检查程序窗口中文本框与命令按钮是否可用。

（2）向“圆的半径”文本框中输入数值 10，单击“计算”按钮，检查两个文本框的内容是否分别为 62.8 和 314。

（3）单击“清除”按钮，检查文本框的内容是否清空，以及焦点是否在 Text1 文本框中。

（4）单击“退出”按钮，检查程序是否会退出。

5．保存文件

单击“保存”按钮，将窗体文件保存为 Frm_3_1.frm，将工程文件保存为 Prj_3_1.vbp。

【知识拓展与思考】

1．为了提供更方便的操作，如何设计程序，使得当用户在“圆的半径”文本框中输入半径数值后，可以通过按下 Enter 键来计算周长和面积，而不需要用户移动鼠标去单击“计算”按钮？

分析与解答：按钮的 Default 属性用于设置默认命令按钮。当按钮的 Default 属性设置为 True 时，不管窗体上的哪个文本框有焦点，按 Enter 键都相当于用鼠标单击了该按钮。因此，只要将 Command1 按钮的 Default 属性设置为 True 即可。

2．如果“圆的半径”文本框为空或输入一个非法的数值（如“abc”），单击“计算”按钮后结果会如何？

分析与解答：由于 Val 函数会将非数值字符串转换为 0，所以如果在“圆的半径”文本框中输入一个非法的数值，单击“计算”按钮后程序计算输出的周长和面积值都为 0。为了防止程序出现这种情况，可以先将“计算”按钮禁用（灰化），只有在文本框中输入合法的数值后，才将“计算”按钮激活。

在程序启动时将“计算”按钮禁用，可以通过给窗体的 Load 事件编写如下代码实现。

```
Private Sub Form_Load()
    Command1.Enabled = False        '禁用 Command1 按钮
End Sub
```

在文本框的内容发生变化时，用 IsNumeric 函数随即判断文本框的内容是否为合法的数字格式，如果是，则将“计算”按钮激活，否则将“计算”按钮禁用。给 Text1 的 Change 事件编写如下代码。

```
Private Sub Text1_Change()
    If IsNumeric(Text1.Text) Then       '如果 Text1 文本框中输入的是数字
        Command1.Enabled = True         '激活 Command1 按钮
    Else                                '如果 Text1 文本框中输入的不是数字
        Command1.Enabled = False        '禁用 Command1 按钮
    End If
End Sub
```

实验二　输入输出

题目：编写一个健康测评程序。

【实验目的】

（1）掌握输入/输出语句的格式和使用方法。

（2）掌握字符串的连接操作。

【实验内容】

（1）创建程序界面。

（2）编写事件代码。

（3）运行并记录结果。

【预备知识】

除界面外，一个计算机程序通常可分为 3 部分：输入、处理和输出。VB 的输入输出有着十分丰富的内容和形式，除了输入控件外，还可以用 InputBox 函数进行数据输入，用 MsgBox 函数和 Print 函数进行输出。

1．InputBox 函数

InputBox 函数用来接受用户通过键盘输入的数据。其语法格式如下。

```
v=InputBox(prompt[, title] [, default])
```

InputBox 函数的参数说明如下。

（1）返回值 v 是字符串型变量。

（2）prompt 是提示信息，采用字符串表达式。

（3）title 是标题，采用字符串表达式。

（4）default 是显示在文本框中的缺省值，采用字符串表达式；缺省时返回空值。

2．MsgBox 函数

MsgBox 函数用于向用户发出提示信息，并要求用户作出必要的响应。其语法格式如下。

```
v=MsgBox(prompt[, buttons] [, title])
```

MsgBox 函数的参数说明如下。

（1）prompt：字符串表达式，作为显示在对话框中的消息。

（2）buttons：这是一个由 4 个数值常量组成的式子，形式为 c1+c2+c3+c4，指定显示按钮的数目及形式、使用的图标样式、缺省按钮是什么以及消息框的强制回应等。各参量的可选值及其功能如表 3-10 所示（凡有 0 值的参量，0 值为缺省值）。

（3）Title：字符串表达式，表示对话框栏标题中显示的信息，缺省为应用程序名。

（4）v：是 MsgBox 函数返回值，是 MsgBox 函数根据用户选择单击的按钮而返回的一个不同的整型数值。返回值如表 3-11 所示。如果用户按下 Esc 键，则与单击 Cancel 按钮的效果相同。

表 3-10　　　　　　　　　　　　**buttons 参数设置**

组　别	作　用	常　数	值	描　述
c1	描述了对话框中显示的按钮的类型与数目	VbOKOnly	0	只显示 OK 按钮
		VbOKCancel	1	显示 OK 及 Cancel 按钮
		VbAbortRetryIgnore	2	显示 Abort、Retry 及 Ignore 按钮
		VbYesNoCancel	3	显示 Yes、No 及 Cancel 按钮
		VbYesNo	4	显示 Yes 及 No 按钮
		VbRetryCancel	5	显示 Retry 及 Cancel 按钮
c2	描述了图标的样式	VbCritical	16	显示 Critical Message 图标
		VbQuestion	32	显示 Warning Query 图标
		VbExclamation	48	显示 Warning Message 图标
		VbInformation	64	显示 Information Message 图标
c3	说明哪一个按钮是缺省值	VbDefaultButton1	0	第一个按钮是缺省值
		VbDefaultButton2	256	第二个按钮是缺省值
		VbDefaultButton3	512	第三个按钮是缺省值
		VbDefaultButton4	768	第四个按钮是缺省值
c4	决定消息框的强制返回性	VbApplicationModal	0	应用程序强制返回；应用程序一直被挂起，直到用户对消息框做出响应才继续工作
		VbSystemModal	4096	系统强制返回；全部应用程序都被挂起，直到用户对消息框做出响应才继续工作

表 3-11　　　　　　　　　　　　**MsgBox 的返回值**

按　钮　名	内 置 常 量	返　回　值
OK（确定）	VbOK	1
Cancel（取消）	VbCancel	2
Abort（终止）	VbAbort	3
Retry（重试）	VbRetry	4
Ignore（忽略）	VbIgnore	5
Yes（是）	VbYes	6
No（否）	VbNo	7

3．MsgBox 语句

MsgBox 语句用于向用户发出提示信息，不要求用户做出响应。其语法格式如下。

MsgBox　prompt[, buttons] [, title]

其参数含义与 MsgBox 函数一致。

注意　在 InputBox 函数、MsgBox 函数或 MsgBox 语句中如果要省略某些位置参数，且在其后还使用了其他参数，则缺省参数的位置必须加入相应的逗号分界符。

4．Print 方法

Print 方法可以在窗体上显示文本字符串和表达式的值，也可在其他图形对象或打印机上输出信息。其语法格式如下。

[对象名称.]Print [表达式表] [,|;]

Print 方法的参数说明如下。

（1）“对象名称”可以是窗体（Form）、图片框（PictureBox）或打印机（Printer），也可以是立即窗口（Debug）。如果省略“对象名称”，则在当前窗体上输出。

（2）“表达式表”是一个或多个表达式，可以是数值表达式或字符串。对于数值表达式，打印出表达式的值；而字符串则照原样输出。如果省略“表达式表”，则输出一个空行。

（3）当输出多个表达式或字符串时，各表达式用分隔符（逗号、分号或空格）隔开。如果用逗号分隔，则按标准输出格式（以 14 个字符为一区，分区输出格式）显示数据项。如果各输出项之间用分号或空格作分隔符，则按紧凑输出格式输出数据。

（4）当输出数值数据时，数值的前面有一个符号位，后面有一个空格，而字符串前后都没有空格。

（5）在一般情况下，每执行一次 Print 方法都要自动换行。为了仍在同一行上显示，可以在末尾加上一个分号或逗号。

5．Format 函数

Format 函数专门用于将数值、日期和时间数据按指定格式输出。其一般形式如下。

Format(expression[, format])

参数说明如下。

（1）expression 为有效表达式，即要转换的数据，format 参数一般不省略，当省略时，可以简单认为此时 Format 函数的作用和 CStr 函数一致。例如，Format(-455)的结果为"-455"。

（2）格式化数据时，format 参数中可以出现“#”、“0”等字符来表示某种指定格式，每一个字符都可以代表转换后的一位字符，当数据超过指定位数时，0 表示用 0 补齐，而#表示不进行其他操作，两种都进行四舍五入。例如：

Format(12222.34455, "##.###")的结果为"12222.345"

Format(12222.34455, "00.000")的结果为"12222.345"

Format(2.3, "##.###")的结果为"2.3"

Format(2.3, "00.000")的结果为"02.300"

所以一般情况下，整数部分用#表示，小数的位数可以用 0 表示，即规定某个数据保留的位数。例如：

Format(2.3, "##.000")的结果为"2.300"

在 format 参数中，还可以出现其他的符号，如“,”、“:”或其他数据等，这些符号原样输出，在处理时，数据从右向左匹配。例如：

Format(254485, "##:1:##")的结果为"2544:1:85"

当参数以%结尾时，表示以百分制显示。例如：

Format(2544.85, " 00.0%")的结果为"254485.0%"

（3）格式化字符串时，format 参数中可以出现“@”、“>”、“<”等字符，这些字符可以用来指定某种格式，@用来表示字符串的长度，不足的在字符串前补空格，若在@前加“!”，

则表示在字符串后补空格。“>”、“<”表示转换为大写或者小写字母。例如：

Format("ABcd", "@@@@@@@@")的结果为　　ABcd"

Format("ABcd", "!@@@@@@@@")的结果为"ABcd　　"

Format("Hello kid", "<")的结果为"hello kid"

Format("Hello kid", ">")的结果为"HELLO KID"

也可以同时使用多个符号表示，例如。

Format("Hello", ">@@@@@@@@")的结果为　　HELLO"

（4）格式化日期是 Format 函数经常使用的功能。例如：

若 MyTime = #17:04:23#，则以下 Format 函数的结果如下。

```
mytime = #5:04:23 PM#
MyDate = #1/27/2012#
mystr = Format(Time, "Long Time")             '以系统设置的长时间格式返回当前系统时间
mystr = Format(Date, "Long Date")             '以系统设置的长日期格式返回当前系统日期
mystr = Format(mytime, "h:m:s")               '返回 "17:4:23"
mystr = Format(mytime, "hh:mm:ss AMPM")       '返回 "05:04:23 PM"
mystr = Format(MyDate, "dddd, mmm d yyyy")    '返回 "Friday, Jan 27 2012"
```

Format 函数用于控制数据的外部输出形式，不会改变数据在计算机内部的存储形式。

【实验步骤】

“健康测评”程序运行界面如图 3-3 所示。单击“开始”按钮，程序会弹出输入身高和体重的输入框，输入身高和体重后程序会输出评测结果。

图 3-3　健康测评

步骤如下。

1．创建界面

启动 VB，新建窗体 Form1，参考图 3-3 向 Form1 添加一个按钮控件。

2．设计对象属性

控件属性设置如表 3-12 所示。

表 3-12　“健康测评”窗体及控件的属性设置

控　件	属　性	设 置 值
Form	Name	Form1
	Caption	健康测评
CommandButton	Name	Command1
	Caption	开始

3．编写程序代码

（1）Command1 按钮的 Click 事件代码。

单击“开始”按钮后，用 InputBox 函数提示用户输入身高和体重，首先计算出标准体重（标准体重=身高−100），再根据用户输入的体重计算结果，体重高于标准体重的 1.1 倍为偏胖，提示“偏胖，加强锻炼，注意节食”；体重低于标准体重的 90%为偏瘦，提示“偏瘦，

增加营养”，其他情况提示“正常，继续保持”。代码如下。

```
Private Sub Command1_Click()
    Dim h, w, s             '定义变量，h 表示身高，w 表示体重，s 表示标准体重
    Cls                     '清除窗体内容
    h = Val(InputBox("请输入你的身高(cm)", "数据输入"))
    w = Val(InputBox("请输入你的体重(kg)", "数据输入"))
    Print "你的身高为" & h; "cm"
    Print "你的体重为" & w & "kg"
    s = h - 100             '根据身高计算标准体重
    If w > s * 1.1 Then     '如果体重大于标准体重的 1.1 倍
        Print "偏胖，加强锻炼，注意节食"
    ElseIf w < s * 0.9 Then '如果体重小于标准体重的 0.9 倍
        Print "偏瘦，增加营养"
    Else //否则
        Print "正常，继续保持"
    End If
    Print
    Print
    Print "测试日期:";Format(Date, "Long Date")
End Sub
```

（2）Form1 窗体的 Unload 事件代码。

有时用户会因误操作而关闭了程序，如果能在程序退出之前询问一下用户是否真的想退出程序，可以增强程序的可用性。关闭窗体或执行 Unload 语句时，就会触发窗体的 Unload 事件，可以使用该事件来询问用户是否确认退出程序。使用 MsgBox 函数显示一个含有“确认”和“取消”按钮的提示对话框，如果用户选择“取消”，将参数 Cancel 赋值为 1 即可阻止程序退出。代码如下。

```
Private Sub Form_Unload(Cancel As Integer)
    Dim a
    a = MsgBox("确认退出程序吗？", vbYesNo, "确认窗口")
    If a = vbNo Then Cancel = 1   '如果用户选择“否”，则取消关闭程序的动作
End Sub
```

4．程序运行和测试

（1）按 F5 键运行程序。

（2）单击“开始”按钮，在随后弹出的两个输入框中分别输入 176 和 80，查看窗体中是否输出“正常，继续保持”。

（3）单击“开始”按钮，在随后弹出的两个输入框中分别输入 176 和 90，查看窗体中是否输出“偏胖，加强锻炼，注意节食”。

（4）单击“开始”按钮，在随后弹出的两个输入框中分别输入 176 和 60，查看窗体中是否输出“偏瘦，增加营养”。

（5）单击窗体的“退出”按钮，检查程序是否会弹出退出确认窗体，并且选择“否”阻止程序退出，选择“是”程序正常退出。

5．保存文件

单击“保存”按钮，将窗体文件保存为 Frm_3_2.frm，将工程文件保存为 Prj_3_2.vbp。

【拓展与思考】

1．男性和女性的健康标准通常不一样，如何让程序能够根据性别执行不同的健康测评标准？

分析与解答：应用程序中经常会碰到根据不同的选项执行不同任务的情况，要实现根据男女性别分别评测健康，有多种方案，可以通过单选按钮、下拉列表和提示用户输入性别的方法来实现。本例中使用 InputBox 来询问用户输入性别的方法来实现。程序会根据男女性别计算不同的标准体重。Command1 按钮的 Click 事件代码如下。

```
Private Sub Command1_Click()
    Dim x,h, w, s '定义变量，其中 x 表示性别
    Cls
    x = InputBox("请输入你的性别(男或女)", "数据输入","男")
    h = Val(InputBox("请输入你的身高(cm)", "数据输入"))
    w = Val(InputBox("请输入你的体重(kg)", "数据输入"))
    Print "你的身高为" & h; "cm"
    Print "你的体重为" & w & "kg"
    If x = "男" then                    '如果性别为“男”
        s = h – 100                     '计算男性的标准体重
    Else
        s = h – 110                     '计算女性的标准体重
    End If
    If w > s * 1.1 Then
        Print "偏胖，加强锻炼，注意节食"
    ElseIf w < s * 0.9 Then
        Print "偏瘦，增加营养"
    Else
        Print "正常，继续保持"
    End If
End Sub
```

【习题与思考】

一、选择题

1．数字“8.6787E+6”写成普通的十进制数是（　　）。

A．86787000　　B．867870000

C．8678700　　D．8678700000

2．设 *a*=2，*b*=3，*c*=4，*d*=5，下列表达式的值是（　　）。

3>2*b OR a=c AND b<>c OR c>d

A．1　　B．True　　C．False　　D．－1

3．以下是合法的 Visual Basic 变量名的是（　　）。

A．a3　　B．Const　　C．9abc　　D．a#x!

4．表达式 5 Mod 3+5\3 的值是（　）。

A．0　　B．3　　C．4　　D．6

5．设 *x*=4，*y*=8，*z*=7，表达式（x<y）Or z<x 的值是（　　）。

A．1　　B．–1　　C．TRUE　　D．FALSE

6．执行如下两条语句，窗体上显示的是（　　）。

A=9.8596

Print Format(a,"000.00")

A．0,009.86　　B．9.86　　C．009.86　　D．0,009.86

二、填空题

1．把 *X* 是 5 或 7 的倍数写成 VB 表达式是________________。

2．表达式 Ucase（Mid（“abcdefgh”，3，4））=____________。

3．*k*=123%，则 Len（Str（k））=____________________。

4．表示变量 *S* 是字母（不分大小写）的 VB 表达式是__________。

5．“窗体布局窗口”客户区域的左上角代表桌面坐标的____________。

6．DateAdd（”m”，1，#1/25/2004#）=______________。

第4章 常用控件

实验一 图形控件

题目：编写一个图片放大缩小的程序。

【实验目的】

（1）掌握图形控件的基本属性、事件和方法。

（2）掌握图形控件的图形加载与应用。

【实验内容】

（1）图片框和图像框的添加及基本属性的设置。

（2）LoadPicture 函数、Print 方法、Cls 方法的使用。

（3）比较图片框和图像框的区别。

【预备知识】

图片框和图像框是 Visual Basic 中显示图形的两种基本控件，用于在窗体的指定位置显示图形信息。图形控件的使用能美化界面和增加界面的趣味性。

1．图片框

在工具箱中，图片框（PictureBox）的图标是。图片框使用比较灵活，一般适用于动态环境，即需要对其中加载的图片进行修改的情况。

（1）主要属性。

➢ Align：该属性决定图片框在窗体中的显示方式。Align 的属性值如表 4-1 所示。

表 4-1　Align 的属性值

属 性 值	设 置 值
0-None	默认值，表示无特殊显示
1-Align Top	表示图片框停靠在窗体上端并与窗体一样宽
2-Align Bottom	表示图片框停靠在窗体底部并与窗体一样宽
3-Align Left	表示图片框停靠在窗体左端并与窗体一样高
4-Align Right	表示图片框停靠在窗体右端并与窗体一样高

- AutoSize：该属性决定控件是否自动改变大小以显示全部图像内容。为 False（默认）时，表示图片框保持原始尺寸大小，如果加载的图像比图片框大，则超出图片框的部分将被剪切掉；为 True 时，图片框会根据图像的尺寸自动调整大小，以显示全部图像。
- Picture：该属性主要是通过图片目录来加载图片。

（2）方法。

- Cls：清屏，清除图片框上输入的文本。例如，Picture1.Cls。
- Print：使用 Print 方法可以在图片框上输出文本。例如，Picture1.Print "欢迎学习 VB!"。

2．图像框

在工具箱中，图像框（Image）的图标是。图像框一般只用于静态情况，即图片不需要改变，图像框加载显示图片的速度较图片框快。

图像框的 Stretch 属性用于设置是否调整图形的大小以适应图像框控件。该值为 False（默认）时，图形载入时，图像框自身会自动调整大小，使得图像框适应图形大小；为 True 时，图形自动调整大小，填满整个图像框，但这样会导致被加载的图形变形。

3．加载图片的 3 种方法

（1）在界面设计时，通过 Picture 属性加载图片，在 Picture 属性中选择需要加入的图形文件名。

（2）在程序运行期间，用 LoadPicture 函数加载。

```
对象名.Picture=LoadPicture（图片文件的地址）    ' 加载图片
对象名.Picture=LoadPicture（）                  ' 清除图片
对象名.Picture=Nothing                          ' 清除图片
```

（3）在界面设计时，利用执行菜单中的“编辑”→“粘贴”命令，将剪贴板中的图片粘贴到图形控件中。

4．图片框和图像框的区别

（1）图片框可以作为“容器”存放其他控件，图像框不可以。

（2）图片框可以通过 Print 方法输出文本，也可以用绘图方法绘制图形，图像框不可以。

（3）图像框比图片框占用内存少，显示速度快，如果只显示图片则优先使用图像框。

（4）图片框有 Autosize 属性，而图像框有 Stretch 属性。

【实验步骤】

“图片放大缩小”程序运行效果如图 4-1 所示。在窗体中有一个图片框、一个图像框和 5 个命令按钮。单击“加载”按钮，实现在图片框中装入图片，并显示文字“原始图片”，同时把图片框的图片复制到图像框中；单击“放大”和“缩小”按钮，实现图像框中图片的放大和缩小功能；单击“清除”按钮，同时清除图片框和图像框中的内容。

步骤如下。

1．创建界面

启动 VB 程序，新建窗体 Form1，参考图 4-1 向 Form1 添加一个图片框、一个图像框和 5 个命令按钮控件。

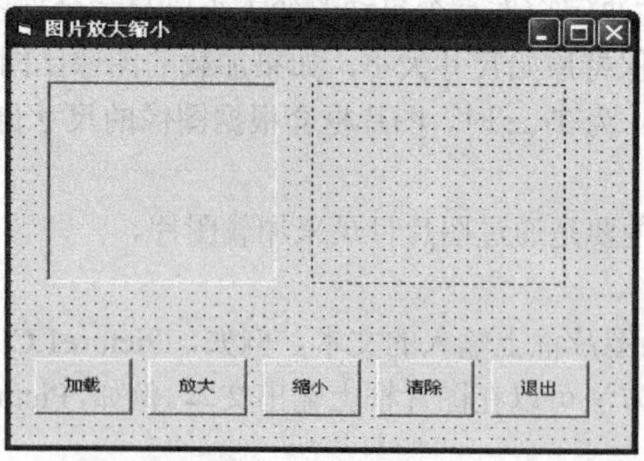

图 4-1　图片放大缩小

2．设置对象属性

控件属性设置如表 4-2 所示。

表 4-2　　　　　　　“图片放大缩小”窗体及控件的属性设置

控　件	属　性	设 置 值	控　件	属　性	设 置 值
Form	Name Caption	Form1 图片放大缩小	CommandButton	Name Caption	cmdLargen 放大
PictureBox	Name AutoSize	Picture1 True	CommandButton	Name Caption	cmdLessen 缩小
Image	Name Stretch	Image1 True	CommandButton	Name Caption	cmdClear 清除
CommandButton	Name Caption	cmdLoad 加载	CommandButton	Name Caption	cmdExit 退出

3．编写程序代码

本程序代码部分的编写主要是 5 个按钮的事件过程。

（1）“加载”按钮的事件过程。

在图片框和图像框中加载同一个图片，并在图片框中显示文字“原始图片”。在图片框中加载图片可以使用 LoadPicture 函数；在图像框中加载图片既可使用 LoadPicture 函数，也可以通过赋值语句，将图片框中的图片复制到图像框中。在图片框中显示文字“原始图片”，可以使用 Print 方法实现。

```
Private Sub cmdLoad_Click()
    Picture1.Picture = LoadPicture(App.Path & "\test.jpg")    '加载图片到 Picture1 中
    Picture1.ForeColor = vbRed
    Picture1.Print "原始图片"                                  '在 Picture1 中输出文字
    Image1.Picture = Picture1.Picture                         '复制图片到 Image1 中
End Sub
```

（2）“放大”按钮的事件过程。

图片的放大和缩小是通过改变图像框的高度和宽度来实现的，当然前提条件是设置图像框的 Stretch 属性为 True。

```
Private Sub cmdLargen_Click()
  Image1.Width = Image1.Width + 100
  Image1.Height = Image1.Height + 100
End Sub
```

（3）“缩小”按钮的事件过程。

```
Private Sub cmdLessen_Click()
  Image1.Width = Image1.Width – 100
  Image1.Height = Image1.Height – 100
End Sub
```

（4）“清除”按钮的事件过程。

“清除”按钮的功能是实现图片框和图像框中图片和文字的清除。在图片框中清除文本时，用 Cls 方法；清除图片时，使用 LoadPicture 函数。

```
Private Sub cmdClear_Click()
  Picture1.Cls                          '清除 Picture1 中的文本
  Picture1.Picture = LoadPicture()      '清除 Picture1 中的图片
  Image1.Picture = LoadPicture()        '清除 Image1 中的图片
End Sub
```

（5）“退出”按钮的事件过程。

```
Private Sub cmdExit_Click()
  Unload Me
End Sub
```

4．程序运行和调试

（1）按 F5 键运行程序，检查程序窗口中命令按钮是否可用。

（2）单击“加载”按钮，检查图片框中是否加载了图片及文字，同时检查图片是否复制到图像框中。

（3）连续单击“放大”按钮，观察图像框中图像的变化情况。

（4）连续单击“缩小”按钮，会出现什么情况？为什么会出现这种情况？

（5）单击“清除”按钮，检查图片框、图像框中的图片及文字是否清除。

（6）单击“退出”按钮，检查程序是否会正常退出。

5．程序改进

（1）为了体现操作的执行顺序，在单击“加载”按钮之前，“放大”、“缩小”、“清除”按钮不可用；加载图片之后，“放大”、“缩小”、“清除”按钮可用。

可以在窗体的 Load 事件中设置各个按钮的 Enabled 属性，其代码如下。

```
Private Sub Form_Load()
   cmdLargen.Enabled = False
   cmdLessen.Enabled = False
   cmdClear.Enabled = False
End Sub
```

同样在“加载”按钮的事件过程中增加以下代码。

```
cmdLargen.Enabled = True
cmdLessen.Enabled = True
cmdClear.Enabled = True
```

（2）单击“清除”按钮之后，“加载”按钮可用，“放大”、“缩小”按钮不可用。

在“清除”按钮的事件过程中增加以下代码。

```
cmdLargen.Enabled = False
cmdLessen.Enabled = False
cmdClear.Enabled = False
```

（3）为避免连续单击“缩小”按钮后图像框的高度和宽度出现负值，可以将“缩小”按钮的事件过程改成：

```
Private Sub cmdLessen_Click()
    Image1.Width = Image1.Width * 0.9
    Image1.Height = Image1.Height * 0.9
End Sub
```

6．保存文件

单击“保存”按钮，将窗体文件保存为 Frm_4_1.frm，将工程文件保存为 Prj_4_1.vbp。

【知识拓展与思考】

在图片框和图像框中加载同一个图片，通过程序演示来比较 AutoSize 属性和 Stretch 属性的作用。

分析与解答：

（1）在窗体上添加图片框和图像框，通过执行“格式”→“统一尺寸”命令来实现图片框和图像框的大小一致，并且通过文字标明图片框和图像框，如图 4-2 所示。

（2）通过图片框和图像框的 Click 事件过程来加载同一个图片（如图片名称为 1.jpg）。

```
Private Sub Picture1_Click()
    Picture1.Picture = LoadPicture(App.Path & "\1.jpg")
End Sub
Private Sub Image1_Click()
    Image1.Picture = LoadPicture(App.Path & "\1.jpg")
End Sub
```

（3）运行程序，通过单击图片框和图像框来观察图片的变化情况，见图 4-3。

（4）在窗体的 Load 事件中，分别设置图片框和图像框的 AutoSize 属性和 Stretch 属性的值为 True。运行程序，通过单击图片框和图像框观察图片的变化情况，如图 4-4 所示。

```
Private Sub Form_Load()
    Picture1.AutoSize = True
    Image1.Stretch = True
End Sub
```

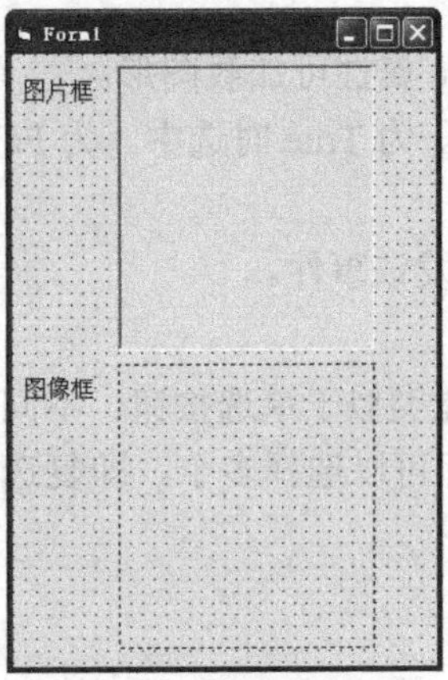

图 4-2　初始界面

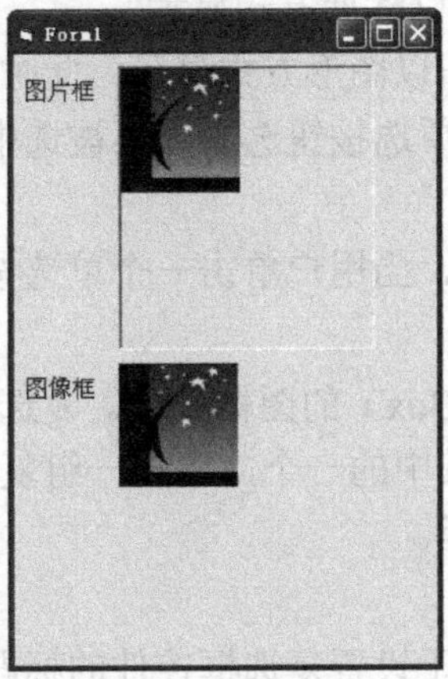

图 4-3　属性值为 False

图 4-4　属性值为 True

实验二　选择型控件

题目：编写一个字体设置的应用程序。

【实验目的】

（1）掌握单选按钮、复选框和框架控件的主要属性和使用方法。

（2）学会使用框架来分割选项，用单选按钮或复选框实现项目选择。

【实验内容】

（1）单选按钮、复选框和框架控件的属性设置。

（2）单选按钮、复选框的常用事件 Click。

（3）在框架控件中添加单选按钮、复选框。

（4）比较单选按钮和复选框 Value 属性的取值及具体应用。

【预备知识】

1．单选按钮

在工具箱中，单选按钮（OptionButton）的图标是 ◉。在一组互斥的选项中，任一时刻，只有一个单选按钮处于被选中状态。

单选按钮的主要属性如下。

（1）Alignment 属性。该属性决定单选钮的说明文字在左边还是在右边。属性值为 0（默认值）表示靠左对齐，按钮图标位于控件的左边，文字显示在右边；属性值为 1 表示靠右对齐。

（2）Caption 属性。该属性设置出现在单选按钮旁边的文本。

（3）Style 属性。该属性用来设置控件的外观。

0（Standard）：表示单选按钮以标准方式显示。

1（Graphical）：表示单选按钮以图形方式显示，此时其 Picture 属性可加载图形。

（4）Value 属性。该属性设置单选按钮选中或不被选中的状态。为 True 时选中，为 False 时不被选中。

单选按钮的常用事件为 Click，当用户单击一个单选按钮时触发该事件。

2．复选框

在工具箱中，复选框（CheckBox）的图标是☑。复选框的功能类似于单选按钮，不同的是：一组单选按钮中只允许选定其中的一个，而在一组复选框中却可以选择多个，即复选框的功能是独立的，各选项间不互斥。

复选框的主要属性如下。

（1）Caption 属性。该属性用于设置复选框控件的标题内容。

（2）Value 属性。该属性指定复选框所处的状态。

0（Unchecked）：默认值，未选中状态，此时复选框前面小方块没有"√"标志。

1（Checked）：选中状态，此时复选框前面小方块带有"√"标志。

2（Grayed）：禁用状态，复选框显示"√"标志但以灰色显示。

复选框常用的事件是 Click，该事件当用户单击一个复选框时发生，其用法与单选钮的 Click 事件相同。

3．框架

在工具箱中，框架（Frame）的图标是[xv]。在 VB 中，可以作为其他对象容器的有窗体、图片框和框架。框架的主要作用是将窗体上的控件进行分组，让窗体界面整齐美观。

框架的主要属性如下。

（1）Caption 属性。该属性用于设置框架的标题，说明框架的功能。如果 Caption 为空字符串，则框架为封闭的矩形框。

（2）Enabled 属性。设置框架及框架内的控件是否可用。属性值为 True（默认值）表示框架可用，属性值为 False 则表示框架和其上的控件不可用。

（3）Visible 属性。设置框架及框架内的控件是否可见。

向框架添加控件的方法：先框架后控件，即先添加一个框架，在框架处于激活状态时，在工具箱中选择要添加的控件添加到框架中；先控件后框架，即添加窗体中已存在的控件到框架中，先添加一个框架，然后将窗体中要添加的控件粘贴到框架中。

判断一个控件是否已添加到框架上，主要是看移动框架时该控件是否也跟随一起移动。

【实验步骤】

"字体设置"程序运行界面如图 4-5 所示，要求在标签框中按照指定的字体、字形和大小效果显示。

步骤如下。

1．创建界面

启动 VB，新建窗体 Form1，参考图 4-5 向 Form1 添加一个标签、一个命令按钮和 3 个框架，分别向 3 个框架中添加单选按钮和复选框。

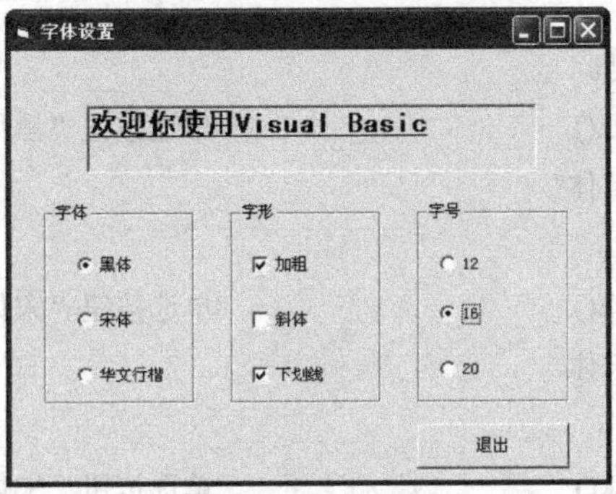

图 4-5　字体设置界面

2．设计对象属性

控件属性设置如表 4-3 所示。

表 4-3　　“字体设置”窗体及控件的属性设置

控　件	属　性	设 置 值	控　件	属　性	设 置 值
Form	Name Caption StartUpPosition	Form1 字体设置 2	Option	Name Caption	Option1 黑体
			Option	Name Caption	Option2 宋体
Label	Name Caption BorderStyle	Label1 欢迎你使用 Visual Basic 1	Option	Name Caption	Option3 华文行楷
			Check	Name Caption	Check1 加粗
Frame	Name Caption	Frame1 字体	Check	Name Caption	Check2 斜体
			Check	Name Caption	Check3 下画线
Frame	Name Caption	Frame2 字形	Option	Name Caption	Option4 12
			Option	Name Caption	Option5 16
Frame	Name Caption	Frame3 字号	Option	Name Caption	Option6 20
			CommandButton	Name Caption Cancel	Command1 退出 True

3．编写程序代码

本程序代码的编写主要是编写各个单选按钮和复选框的 Click 事件过程，通过选中相应的单选按钮或复选框来实现标签上文字的效果变化。需要注意的是，一个框架中的一组单选按钮只能有一个被选中，而复选框可以同时有多个被选中。显示文字的控件是标签，注意它与图片框的区别。

（1）“字体”功能的代码。

```
Private Sub Option1_Click()                    '单选按钮“黑体”的 Click 事件
    Label1.FontName = "黑体"
End Sub
Private Sub Option2_Click()                    '单选按钮“宋体”的 Click 事件
    Label1.FontName = "宋体"
End Sub
Private Sub Option3_Click()                    '单选按钮“宋体”的 Click 事件
    Label1.FontName = "华文行楷"
End Sub
```

（2）“字形”功能的代码。

```
Private Sub Check1_Click()                     '复选框“加粗”的 Click 事件
    Label1.FontBold = Not Label1.FontBold
End Sub
Private Sub Check2_Click()                     '复选框“斜体”的 Click 事件
    Label1.FontItalic = Not Label1.FontItalic
End Sub
Private Sub Check3_Click()                     '复选框“下画线”的 Click 事件
    Label1.FontUnderline = Not Label1.FontUnderline
End Sub
```

（3）“字号”功能的代码。

```
Private Sub Option4_Click()
    Label1.FontSize = 12
End Sub
Private Sub Option5_Click()
    Label1.FontSize = 16
End Sub
Private Sub Option6_Click()
    Label1.FontSize = 20
End Sub
```

（4）“退出”按钮的 Click 事件过程。

```
Private Sub Command1_Click()
    End
End Sub
```

4．程序运行和调试

（1）按 F5 键运行程序，检查窗口是否在屏幕中心显示。

（2）检查程序中的单选按钮、复选框与命令按钮是否都可用，检查标签的形状是否发生变化，以及标签中是否有文字显示。

（3）单击“字体”框架中的选项按钮，检查标签中的文字是否正确变化。

（4）单击“字形”框架中的复选框，检查标签中的文字是否正确变化。

（5）单击“字号”框架中的选项按钮，检查标签中的文字是否正确变化。

（6）单击“退出”按钮或按 Esc 键，检查程序能否退出。

5．程序改进

（1）将文字“欢迎你使用 Visual Basic”居中显示。

在属性窗口中，将 Label1 的 Alignment 属性设置为“2”。

（2）增加文字颜色变化功能。

类似于“字体”、“字形”、“字号”的操作，在窗体上添加一个框架，在框架中添加一组单选按钮，将单选按钮的 Caption 属性改成“红色”、“蓝色”等，通过在单选按钮的 Click 事件过程中改变标签的 ForeColor 属性值来实现文字颜色变化。例如，Label1.ForeColor = vbRed。

6．保存文件

单击“保存”按钮，将窗体文件保存为 Frm_4_2.frm，将工程文件保存为 Prj_4_2.vbp。

【拓展与思考】

1．图 4-6 所示的窗体中包括一个文本框和两个单选按钮，要求单击“右箭头”或“左箭头”按钮，在文本框内显示不同内容，请编程实现。

分析与解答：图 4-6 中的两个按钮是单选按钮，设计时要掌握单选按钮 Style 属性的设置。添加文本框和两个单选按钮，分别设置单选按钮的 Caption 属性为“右箭头”和“左箭头”，同时将其 Style 属性的值设置为“1”，使得单选按钮以图形方式显示，通过 Picture 属性加载图片。编写两个按钮的 Click 事件过程来实现在文本框内显示不同内容。

2．如图 4-7 所示，制作一个个人简介表，要求在窗体的右侧显示个人简介信息。

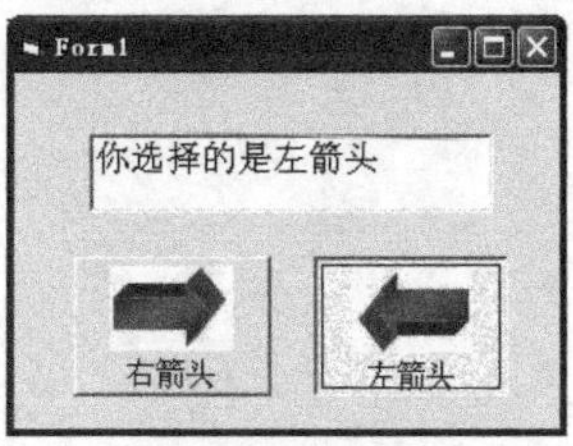

图 4-6 图形按钮

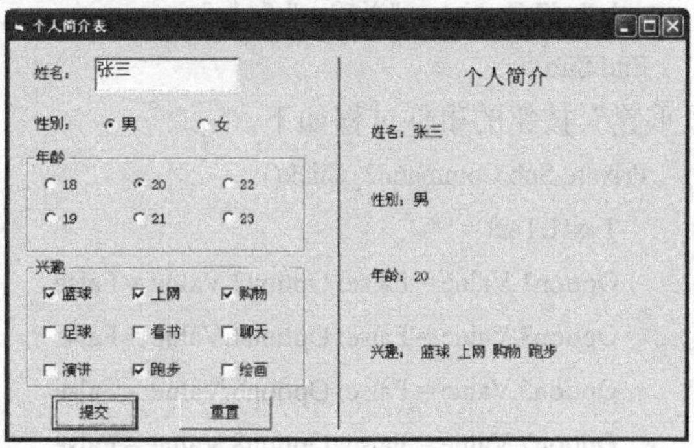

图 4-7 个人简介表

分析与解答：

（1）按照图 4-7 添加相应控件，设置好控件的属性。

（2）在窗体模块中定义字符串变量 *a*、*b*、*c*、*d*，分别用来存储填写或选择的姓名、性别、年龄、兴趣信息。

```
Dim a As String, b As String, c As String, d As String
```

（3）对单选按钮和复选框编程。通过选择单选按钮和复选框，将其信息存储到预先定义的变量中。

"性别"单选按钮的事件过程如下。

```
Private Sub Option1_Click()
   b = "男"
End Sub
Private Sub Option2_Click()
   b = "女"
End Sub
```

"年龄"单选按钮的事件过程（以其中一个为例）如下。

```
Private Sub Option3_Click()
   c = Option3.Caption
End Sub
```

"兴趣"复选框的事件过程（以其中一个为例）如下。

```
Private Sub Check1_Click()
   If Check1.Value = 1 Then d = d & " " & Check1.Caption
End Sub
```

（4）对"提交"按钮和"重置"按钮编程。

"提交"按钮的事件过程如下。

```
Private Sub Command1_Click()
   a = Text1.Text
   Label4.Caption = "姓名：" & a
   Label5.Caption = "性别：" & b
   Label6.Caption = "年龄：" & c
   Label7.Caption = "兴趣：" & d
End Sub
```

"重置"按钮的事件过程如下。

```
Private Sub Command2_Click()
   Text1.Text = ""
   Option1.Value = False: Option2.Value = False
   Option3.Value = False: Option4.Value = False
   Option5.Value = False: Option6.Value = False
   Option7.Value = False: Option8.Value = False
   Check1.Value = 0: Check2.Value = 0: Check3.Value = 0
   Check4.Value = 0: Check5.Value = 0: Check6.Value = 0
   Check7.Value = 0: Check8.Value = 0: Check9.Value = 0
   Text1.SetFocus
End Sub
```

注意：在 VB 中可以将一条语句写在一行上，也可以将多条语句写在同一行上，此时语句之间用冒号分隔。

实验三 列表型控件

题目：编写一个统计考试成绩的程序。

【实验目的】

（1）掌握列表框和组合框的属性、事件和方法。

（2）掌握列表框和组合框的应用。

【实验内容】

（1）列表框和组合框的相关属性设置。

（2）AddItem、RemoveItem、Clear 方法的使用。

（3）比较列表框和组合框的区别。

【预备知识】

列表框和组合框都是通过列表的形式显示多个选项，供用户选择。

1．列表框

在工具箱中，列表框（ListBox）的图标是。列表框是一个为用户提供选择的列表，用户可从中单击选取自己所需的一个或多个选项。如果选项太多，超出列表框设计的大小时，不能一次全部显示，VB 会自动加上垂直滚动条。

列表框的主要属性如下。

（1）List 属性。

List（表）属性用来设置列表框中列表项的内容。该属性既可以在设计时通过属性窗口设置，又可在代码窗口中设置。

在属性窗口设置时直接输入内容，输入时按 Ctrl+Enter 快捷键换行。

在代码窗口设置时注意列表框的第一个元素序号为 0，如 List1.list(0)= "VB 程序设计"。

（2）ListCount 属性。

ListCount（列表项数目）属性用于设置列表框中列表项的数量。第一个列表项序号为 0，最后一个列表项序号为 ListCount-1。该属性只能在程序中设置或引用。

（3）ListIndex 属性。

ListIndex（列表项索引）属性用于设置执行时选中的列表项序号。如果没选中任何项，则 ListIndex 的值为–1。该属性只能在程序中设置或引用。

（4）Text 属性。

Text 属性（列表项正文）的值为最后选定列表项的文本内容。

（5）Selected 属性。

Selected（选择）属性表示对应的列表项在程序运行期间是否被选中。选中时，值为 True；未被选中，值为 False。例如，List1.Selected(0)=True 表示列表框中第一项被选中。

（6）Style 属性。

该属性用于确定列表框的外观，只能在设计时确定。为 0 时为标准列表框，为 1 时为复选列表框。

列表框主要接受的事件为 Click 和 DblClick 事件。

列表框常用的方法有如下 3 种。

（1）AddItem 方法。

该方法用于在程序代码中为列表框添加一个选项。其格式如下。

<列表框>.AddItem　<选项字符串>　[，索引值]

其中，“选项字符串”是要加入列表框的项目。“索引值”决定新增选项在列表框中的位置，原位置的项目依次后移。若索引值为 0，则插入第一个选项位置；如果省略，则新增项目添加到最后。

（2）RemoveItem 方法。

该方法从列表框中删除由索引值指定的项目。其格式如下。

<列表框>.RemoveItem　<索引值>

（3）Clear 方法。

该方法清除列表框所有项目的内容。其格式如下。

<列表框>.Clear

2．组合框

在工具箱中，组合框（ComboBox）的图标是▤。组合框是由文本框和列表框组合而成的控件，用户可以通过在文本框中输入新文本内容，或在列表框中单击列表选项选择已有内容。

大多数列表框控件的属性适合于组合框，组合框还有其他的属性。

（1）Style 属性。

用于设置组合框的外表样式。该属性有 3 个取值。

0（Dropdown Combo）：下拉式组合框（默认方式）。

1（Simple Combo）：简单组合框。

2（Dropdown List）：下拉式列表框。

（2）Text 属性。

用于获取用户所选择项目的文本或直接从编辑区输入的文本。

组合框的响应事件如下。

Click：当用户在一个组合框上单击时发生。

Change：当组合框的内容改变时发生。

组合框常用的方法与列表框相同。

【实验步骤】

“统计考试成绩”程序运行界面如图 4-8 所示。在左侧输入姓名和成绩，在右侧显示考试成绩统计结果，要求只有输入姓名后才可以统计该生信息。

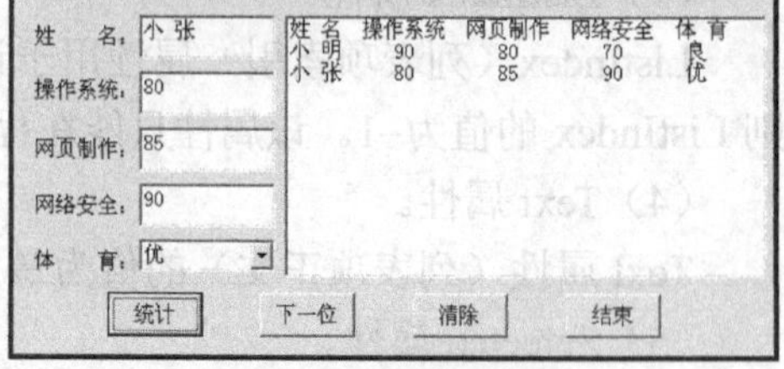

图 4-8　统计考试成绩界面

1．创建界面

启动 VB 程序，新建窗体，参考图 4-8，在窗体上添加 5 个标签、4 个文本框、4 个命令按钮、一个组合框和一个列表框。标签用来显示姓名字样及课程名称，文本框用来输入姓名及科目成绩，组合框用来选择科目的成绩等级，列表框用来在窗体右侧显示该生的统计信息。

2．设计对象属性

属性设置如表 4-4 所示。

表 4-4　　“统计考试成绩”窗体及控件的属性设置

控　件	属　性	设 置 值	控　件	属　性	设 置 值
Form	Name Caption	Form1 统计考试成绩	TextBox	Name Text	Text1 Text1
Label	Name Caption	Label1 姓　　名：	TextBox	Name Text	Text2 Text2
Label	Name Caption	Label2 操作系统：	TextBox	Name Text	Text3 Text3
Label	Name Caption	Label3 网页制作：	TextBox	Name Text	Text4 Text4
Label	Name Caption	Label4 网络安全：	ComboBox	Name Text	Combo1 Combo1
Label	Name Caption	Label5 体　　育：	ListBox	Name	List1
CommandButton	Name Caption	Command1 统计	CommandButton	Name Caption	Command3 清除
CommandButton	Name Caption	Command2 下一位	CommandButton	Name Caption	Command4 结束

说明：所有控件的字体均为宋体、常规、小四。

3．编写程序代码

本程序代码部分的编写可分成两步。首先编写窗体的事件过程，然后编写命令按钮的事件过程。

（1）窗体的事件过程。

在窗体的 Load 事件中，利用 AddItem 方法为列表框和组合框添加初始项目内容。列表框中增加内容为图 4-8 列表框中显示的第一行文字信息，组合框中增加内容为“优”、“良”、“中”、“及格”、“不及格”。

```
Private Sub Form_Load()
    List1.AddItem "姓 名" & Space(2) & "操作系统" & Space(2) & "网页制作" _
    & Space(2) & "网络安全" & Space(2) & "体 育"
    Combo1.AddItem "优"
    Combo1.AddItem "良"
    Combo1.AddItem "中"
    Combo1.AddItem "及格"
    Combo1.AddItem "不及格"
End Sub
```

（2）命令按钮的事件过程。

"统计"按钮的功能是实现将窗体左侧文本框和组合框中的信息汇总到窗体右侧的列表框中，其事件过程如下。

```
Private Sub Command1_Click()
  List1.AddItem Text1 & Space(5) & Text2 & Space(8) & Text3 _
  & Space(8) & Text4 & Space(6) & Combo1
End Sub
```

注意　VB 中一条语句写在一行上，也可以通过添加"续行标志"（ _：一个空格加一个下画线字符）写在多行上。

"下一位"按钮的功能是清除文本框和组合框中的内容，同时将光标定位到"姓名"文本框中，此时要求"统计"按钮处于不可操作状态。其事件过程如下。

```
Private Sub Command2_Click()
  Text1.Text = ""
  Text2.Text = ""
  Text3.Text = ""
  Text4.Text = ""
  Combo1.Text = ""                                    '组合框显示的内容为空
  Text1.SetFocus
  Command1.Enabled = False
End Sub
```

"清除"按钮的功能是清除文本框和组合框中的内容，列表框中只保留第一行信息，光标定位到"姓名"文本框中，"统计"按钮处于不可操作状态。其事件过程如下。

```
Private Sub Command3_Click()
  Text1.Text = ""
  Text2.Text = ""
  Text3.Text = ""
  Text4.Text = ""
  Combo1.Text = ""
  Text1.SetFocus
  Command1.Enabled = False
  List1.Clear                                 '通过 Clear 方法清除列表框中的内容
  List1.AddItem "姓  名" & Space(2) & "操作系统" & Space(2) & "网页制作"_
  & Space(2) & "网络安全" & Space(2) & "体  育"
End Sub
```

"结束"按钮事件过程如下。

```
Private Sub Command4_Click()
  End
End Sub
```

文本框 1 的 Change 事件过程如下。

当单击“下一位”按钮或“清除”按钮后，文本框 1 中的内容为空，此时“统计”按钮处于不可操作状态；当输入姓名，即文本框 1 中的内容发生变化时，“统计”按钮处于活动状态。

```
Private Sub Text1_Change()
  Command1.Enabled = True
End Sub
```

4．程序运行和调试

（1）按 F5 键运行程序，检查程序窗口中文本框与命令按钮是否可用，检查列表框中是否有文字，组合框下拉列表中是否有列表项。

（2）单击“下一位”按钮，文本框和组合框中是否清空，光标是否定位到文本框 1 上，“统计”按钮是否变成灰色。

（3）在文本框中输入姓名和成绩，在组合框中选择等级，单击“统计”按钮，检查列表框中是否增加该学生信息。

（4）单击“下一位”按钮，可以继续输入信息，以便统计。

（5）单击“清除”按钮，检查文本框、组合框及列表框内容的变化情况。

（6）单击“结束”按钮，检查程序是否会退出。

5．程序改进

（1）使得程序运行时窗体界面在屏幕中心出现。

（2）使得窗体界面上的各个控件不能移动，处于锁定状态。

（3）“统计”时计算出“操作系统”、“网页制作”、“网络安全”3 门课程的平均成绩，可以在“统计”按钮的事件过程中做如下修改。

```
Private Sub Command1_Click()    '统计
  List1.AddItem Text1 & Space(5) & Text2 & Space(8) & Text3 & Space(8) & Text4 _
  & Space(6) & Combo1 & Space(6) & (Val(Text2) + Val(Text3) + Val(Text4)) / 3
End Sub
```

6．保存文件

单击“保存”按钮，将窗体文件保存为 Frm_4_3.frm，将工程文件保存为 Prj_4_3.vbp。

【拓展与思考】

1．如图 4-9 所示，在窗体上有 4 个命令按钮和两个列表框，要求单击“添加”按钮，可以把第一个列表框中选择的项目复制到第二个列表框中；在第二个列表框中可以选择多个项目，并且单击“删除”按钮时执行相反的操作；单击“清除”按钮清除两个列表框中的内容。

分析与解答：主要是比较标准列表框和复选列表框的区别，掌握列表框属性的使用。

（1）在窗体上添加标签、命令按钮、列表框控件，并设置好窗体、标签和命令按钮的 Caption 属性，设置 List2 的 Style 属性为 1。

（2）在窗体的 Load 事件中向 List1 中添加列表项目。

```
Private Sub Form_Load()
  List1.AddItem "篮球"
```

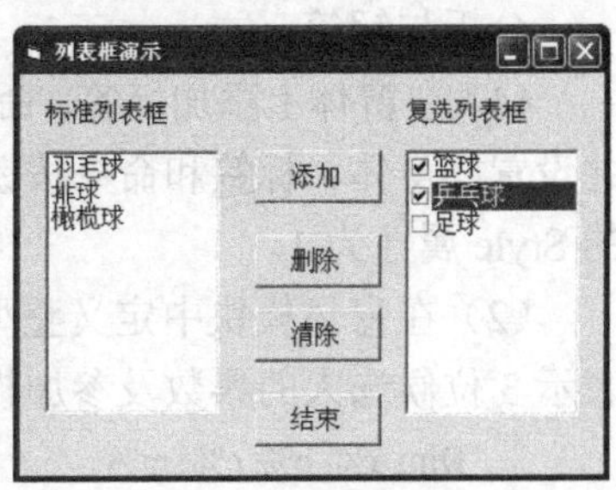

图 4-9　列表框演示

```
    List1.AddItem "足球"
    List1.AddItem "乒乓球"
    List1.AddItem "羽毛球"
    List1.AddItem "排球"
    List1.AddItem "橄榄球"
End Sub
```

（3）编写各命令按钮的事件过程。

```
Private Sub Command1_Click()        '"添加"按钮
    List2.AddItem List1.Text
    List1.RemoveItem List1.ListIndex
End Sub

Private Sub Command2_Click()        '"删除"按钮
    For i = 0 To List2.ListCount - 1
        If List2.Selected(i) = True Then List1.AddItem List2.List(i)
    Next i
    For i = List2.ListCount - 1 To 0 Step -1
        If List2.Selected(i) = True Then List2.RemoveItem i
    Next
End Sub

Private Sub Command3_Click()        '"清除"按钮
    List1.Clear
    List2.Clear
End Sub

Private Sub Command4_Click()        '"结束"按钮
    End
End Sub
```

2．编写一个班级班长选举统计票数的程序。如图 4-10 所示，要求显示出统计结果及参加选举投票的人数。

分析与解答：

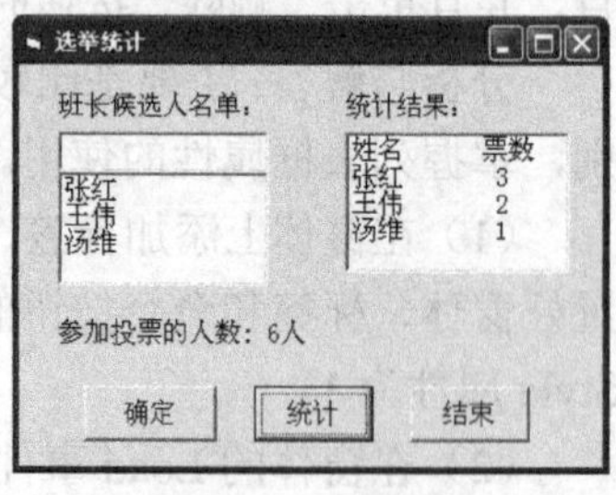

图 4-10　选举统计

（1）在窗体上添加标签、命令按钮、列表框、组合框控件，并设置好窗体、标签和命令按钮的 Caption 属性，设置组合框的 Style 属性为 1。

（2）在窗体模块中定义整型变量 *a*、*b*、*c*、*m*，分别用来表示 3 位候选人的票数及参加投票的总人数。

```
Dim a%, b%, c%, m%
```

（3）在窗体的 Load 事件中向组合框及列表框中添加列表项目，并将标签 1 的 Caption 属性设置为空，即程序刚开始运行时不显示内容。

```
Private Sub Form_Load()
  Combo1.AddItem "张红"
  Combo1.AddItem "王伟"
  Combo1.AddItem "汤维"
  List1.AddItem "姓名" & Space(6) & "票数"
  Label1.Caption = ""
  Combo1.Text = ""
End Sub
```

（4）编写命令按钮的事件过程。

```
Private Sub Command1_Click()          '“确定”按钮
  If Combo1.ListIndex = 0 Then
    a = a + 1: m = m + 1: Combo1.Text = ""
  End If
  If Combo1.ListIndex = 1 Then
    b = b + 1: m = m + 1: Combo1.Text = ""
  End If
  If Combo1.ListIndex = 2 Then
    c = c + 1: m = m + 1: Combo1.Text = ""
  End If
End Sub
Private Sub Command2_Click()          '“统计”按钮
  List1.AddItem "张红" & Space(7) & a
  List1.AddItem "王伟" & Space(7) & b
  List1.AddItem "汤维" & Space(7) & c
  Label1.Caption = "参加投票的人数:" + Str(m) + "人"     '标签 1 中显示投票人数信息
End Sub
```

实验四　计时器与滚动条

题目：编写一个滚动文字的程序。

【实验目的】

（1）掌握计时器和滚动条的属性和事件。

（2）掌握计时器和滚动条的使用。

【实验内容】

（1）计时器和滚动条的属性设置。

（2）计时器的 Timer 事件。

（3）滚动条的 Scroll 事件和 Change 事件。

【预备知识】

1．计时器

在工具箱中，计时器（Timer）控件的图标是。计时器控件每隔一段固定的时间就有规律地执行一次相同的任务，或者用于进行某种后台处理。

计时器的属性如下。

（1）Enabled 属性。

该属性设置计时器是否开始计时，为 True（默认）时，计时器开始工作；为 False 时暂停工作。

（2）Interval 属性。

该属性设置两个计时器事件之间的时间间隔，以毫秒为单位，设置范围是 0~65 535 ms，默认值为 0。

计时器只有 Timer 事件，每隔一个 Interval 指定的时间间隔，就触发一次 Timer 事件。

注意

定时器产生 Timer 事件的两个前提条件是 Enabled 为 True，Interval 为非 0。

2．滚动条

滚动条（ScrollBar）通常用于协助观察数据或确定位置，也可用来作为数据的输入工具，有垂直（VScrollBar）滚动条和水平（HScrollBar）滚动条两种。

滚动条的主要属性如下。

（1）Value 属性

该属性表示滚动滑块所在位置对应的值，默认值为 0，取值范围为 Min～Max。

（2）Min 属性和 Max 属性。

Min 属性是滑块处于最小位置时所代表的值，默认值为 0；Max 属性是滑块处于最大位置时所代表的值，默认值为 32 767。

（3）SmallChange 属性和 LargeChange 属性。

SmallChange 属性是单击滚动条两端的滚动箭头时，Value 属性增加或减小的数值。LargeChange 属性是单击滚动条中间的空白处时，滑块向某个方向移动的数值。

滚动条的事件如下。

（1）Scroll 事件。

当在滚动条内拖动滚动滑块时触发该事件。

（2）Change 事件。

当滚动滑块移动后或通过代码改变 Value 的值时触发该事件。

【实验步骤】

“滚动文字”程序运行效果如图 4-11 所示。实现窗体上文字从左向右循环滚动，通过水平滚动条向右移动来控制文字滚动的速度，同时在窗体界面上显示当前的日期和时间。

图 4-11 滚动文字

步骤如下。

1．创建界面

启动 VB，新建窗体 Form1，参考图 4-11 向 Form1 添加 5 个标签、2 个计时器和 1 个水平滚动条。

2．设置对象属性

控件属性设置如表 4-5 所示。

表 4-5　　“滚动文字”窗体及控件的属性设置

控 件	属 性	设 置 值	控 件	属 性	设 置 值
Form	Name Caption	Form1 滚动文字	Label	Name Caption Font AutoSize	Label4 中 宋体、常规、小三 True
Label	Name Caption Font AutoSize	Label1 欢迎学习 VB! 宋体、常规、二号 True	Label	Name Caption Font AutoSize	Label5 快 宋体、常规、小三 True
Label	Name Caption Font AutoSize	Label2 Label2 宋体、常规、三号 True	HscrollBra	Name min max	Hscroll1 0 2
Label	Name Caption	Label3 慢	Timer	Name Interval	Timer1 500
	Font AutoSize	宋体、常规、小三 True	Timer	Name Interval	Timer2 1000

3．编写程序代码

本程序代码主要针对两个计时器的 Timer 事件和滚动条的 Change 事件编程。Timer1 用来控制文字滚动，Timer2 用来显示当前的日期和时间。

（1）滚动条的 Change 事件。

在拖动滚动条时改变计时器 Timer1 的时间间隔，从而达到控制其 Timer 事件触发的频率。

```
Private Sub HScroll1_Change()
    Timer1.Interval = Timer1.Interval / 10
End Sub
```

（2）Timer1 的 Timer 事件。

每触发一次 Timer 事件，标签将向右移动 20Twip，当标签移出窗体时，再设置其从窗体左边显示出来。

```
Private Sub Timer1_Timer()
    Label1.Move Label1.Left + 20
```

```
    If Label1.Left > Form1.Width Then          '利用 If 语句来判断标签是否移出窗体
        Label1.Left = -Label1.Width
    End If                                     '简单 If 语句结构：If…then…，以 End If 结尾
End Sub
```

（3）Timer2 的 Timer 事件。

```
Private Sub Timer2_Timer()
    Label2.Caption = Now                       '利用 Now 函数返回当前的系统日期和系统时间
End Sub
```

4．程序运行和调试

（1）按 F5 键运行程序，检查程序窗口中标签文字是否正确显示出来，标签 1 上的文字是否从左向右滚动，标签 2 上的当前时间是否正确变化。

（2）单击水平滚动条，比较文字滚动的速度。

（3）当滚动文字移出窗口后是否从左侧再次出现，循环滚动。

5．程序改进

（1）随机改变滚动字体的颜色，达到美化效果。

可以在 Timer2 的 Timer 事件过程中增加一行代码。

```
Label1.ForeColor = RGB(255 * Rnd, 255 * Rnd, 255 * Rnd)
```

（2）反向单击滚动条也能控制文字滚动的变化。

在滚动条的 Change 事件过程中，通过判断滚动条的 Value 值来设置 Timer1 的时间间隔。

```
Private Sub HScroll1_Change()
    If HScroll1.Value = 0 Then Timer1.Interval = 500
    If HScroll1.Value = 1 Then Timer1.Interval = 50
    If HScroll1.Value = 2 Then Timer1.Interval = 5
End Sub
```

6．保存文件

单击“保存”按钮，将窗体文件保存为 Frm_4_4.frm，将工程文件保存为 Prj_4_4.vbp。

【知识拓展与思考】

1．利用计时器来设置一个交通灯的变化情况。如图 4-12 所示，要求每隔 5s 实现红绿灯的交替变换。

分析与解答：主要是掌握计时器 Interval 属性的设置及 Timer 事件的应用。

（1）在窗体上添加 1 个标签、1 个图像框和 3 个计时器。

这 3 个计时器分别用来显示时间、控制红灯和绿灯。设置图像框的 Stretch 属性为 True，在窗体的 Load 事件中为图像框加载图片。

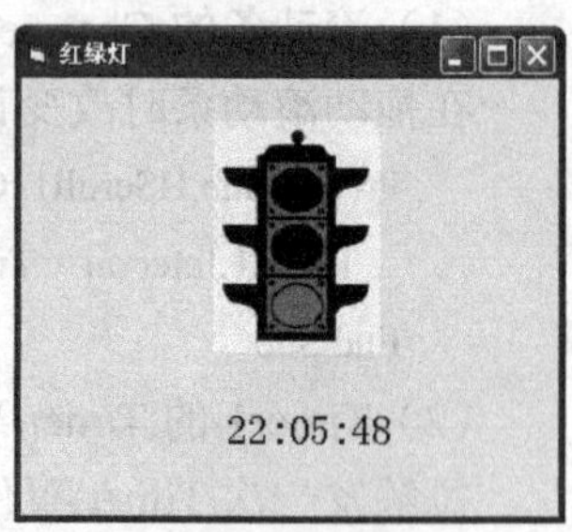

图 4-12　红绿灯

```
Image1.Picture = LoadPicture(App.Path & "\hongdeng.jpg")
```

（2）显示时间。将计时器 Timer1 的 Interval 属性设置为 1 000，其 Timer 事件代码如下。

```
Label1.Caption = Time
```

（3）控制红灯和绿灯。将 Timer2 和 Timer3 的 Interval 属性分别设置为 5 000 和 10 000，其 Timer 事件代码中分别加载图片如下。

```
Image1.Picture = LoadPicture(App.Path & "\lvdeng.jpg")      '显示绿灯
Image1.Picture = LoadPicture(App.Path & "\hongdeng.jpg")     '显示红灯
```

2．在上一题的基础上，要求红灯显示 3s，绿灯显示 7s，交替变化，编程实现。

分析与解答：设计界面同上题一样，只不过两个控制红绿灯的计时器的 Interval 属性不再为 5 000 和 10 000，而是统一设置成 1 000，并且在设计界面将其 Enabled 属性设置成 False。在 Timer1 的 Timer 事件中作一些改变，通过判断静态变量 *m* 来触发 Timer2 和 Timer3。

```
Private Sub Timer1_Timer()
    Static m As Integer
    Label1.Caption = Time
    m = m + 1
    If m = 3 Then
        Timer2.Enabled = True
        Timer3.Enabled = False
    End If
    If m = 10 Then
        Timer3.Enabled = True
        Timer2.Enabled = False
        m = 0
    End If
End Sub
```

实验五　多窗体程序设计

题目：编写一个多窗体演示的程序。

【实验目的】

（1）掌握多窗体应用程序的创建和保存方法。

（2）掌握窗体之间的切换。

（3）掌握设置启动窗体的方法。

【实验内容】

（1）Unload Me 和 End 语句的区别。

（2）Show 和 Hide 方法的运用。

（3）多窗体的保存。

【预备知识】

前面介绍的 VB 应用程序通常只有一个窗体，称为单窗体程序。而实际应用中，对于较复杂的应用程序，仅包含一个窗体远不能满足实际需要，必须通过多个窗体实现。

1．创建多窗体

（1）多窗体程序设计有关的语句和方法。

➢ Load 语句。

格式：Load 窗体名称

其功能是把窗体装入内存，但此时窗体没有显示出来。

说明：因 VB 在执行时会自动装载窗体，引发 Load 事件，故一般不用此语句。

➢ Unload 语句。

格式：Unload 窗体名称

其功能是把窗体从内存卸载，使该对象的属性恢复为设计时的初始值，并引发 Unload 事件。

注意：比较 Unload Me 和 End 语句。Me 是系统保留字，代表当前窗体，因此 Unload Me 表示将当前窗体从内存中卸载，如果当前窗体是程序唯一的窗体，则将终止程序的运行。End 语句作用是终止应用程序的执行，并从内存卸载所有窗体。

➢ Show 方法。

格式：[窗体名称.]Show [模式]

把窗体装入内存并显示它。参数“模式”可取 0 和 1，为 0（或省略）时，表示窗体为“非模态型”窗口，不用关闭该窗口就可以对其他窗口进行操作；为 1（或常量 vbModal）时，表示窗体为“模态型”窗口，只有关闭该窗口才能对其他窗口进行操作。

➢ Hide 方法。

格式：[窗体名称.]Hide

其功能是隐藏窗体，但窗体仍在内存中。

（2）多窗体的创建。

添加窗体的方法有如下 4 种。

方法 1：单击“工程”菜单中的“添加窗体”命令。

方法 2：用鼠标右键单击“工程资源管理器”的任何项目，在弹出的快捷菜单中选择“添加”→“添加窗体”命令。

方法 3：单击工具栏中的“添加窗体”按钮。

方法 4：通过组合键 Alt+F。

2．多重窗体程序的执行与保存

（1）指定启动窗体。

在默认情况下，应用程序中的第一个窗体被指定为启动窗体。应用程序开始运行时，此窗体就被显示出来。

改变启动窗体的方法：从“工程”菜单中，选取“工程属性”命令，选择“通用”选项卡，在“启动对象”中，选择要作为新启动窗体的窗体，最后单击“确定”按钮。

（2）保存多窗体程序。

保存多窗体程序，先保存多个窗体，再保存工程。

（3）装入多窗体程序。

装入多窗体程序和装入单窗体程序一样，只要打开工程文件，工程中包括的其他文件便会自动装入内存，而不用一一打开。

【实验步骤】

程序界面如图4-13～图4-16所示。要求能够实现窗体之间的切换，完成各个窗体的功能。

图4-13　Form1 窗体界面

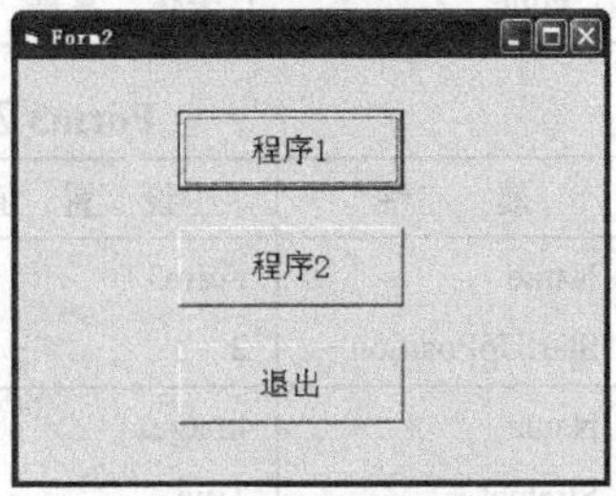

图4-14　Form2 窗体界面

图4-15　Form3 窗体界面

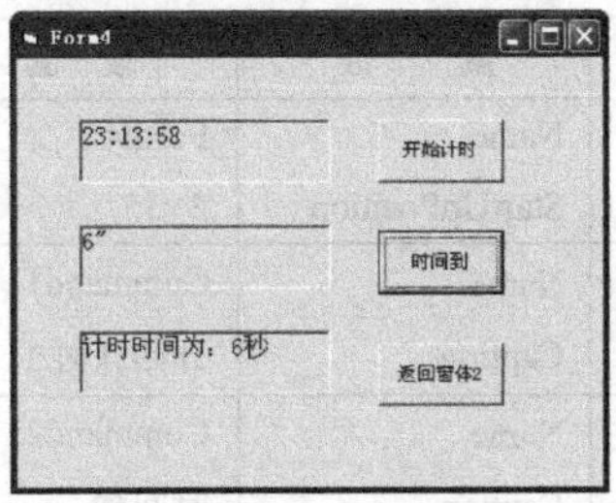

图4-16　Form4 窗体界面

步骤如下。

1．创建界面

启动VB，新建4个窗体，分别是Form1、Form2、Form3、Form4，参考图4-13向Form1窗体添加一个标签、一个计时器，向Form2窗体添加3个命令按钮控件，向Form3窗体添加两个命令按钮和一个图像框，向Form4窗体添加3个标签和3个命令按钮。

2．设计对象属性

各窗体控件属性设置分别如表4-6～表4-9所示。

表4-6　　Form1及其控件的属性设置

控　件	属　性	设置值	控　件	属　性	设置值
Form	Name StartUpPosition	Form1 2	Label	Name Caption Font AutoSize	Label1 多窗体程序演示 宋体、常规、二号 True
Timer	Name Interval	Timer1 0			

表4-7　　Form2及其控件的属性设置

控　件	属　性	设置值	控　件	属　性	设置值
Form	Name StartUpPosition	Form2 2	CommandButton	Name Caption Font	Command2 程序2 宋体、常规、小三

续表

控　件	属　性	设 置 值	控　件	属　性	设 置 值
CommandButton	Name Caption Font	Command1 程序 1 宋体、常规、小三	CommandButton	Name Caption Font	Command3 退出 宋体、常规、小三

表 4-8　　**Form3 及其控件的属性设置**

控　件	属　性	设 置 值	控　件	属　性	设 置 值
Form	Name StartUpPosition	Form3 2	CommandButton	Name Caption	Command1 隐藏图片
Image	Name Stretch	Image1 True	CommandButton	Name Caption	Command2 返回窗体 2

表 4-9　　**Form4 及其控件的属性设置**

控　件	属　性	设 置 值	控　件	属　性	设 置 值
Form	Name StartUpPosition	Form4 2	Timer	Name Interval	Timer1 1000
CommandButton	Name Caption	Command1 开始计时	Label	Name BorderStyle	Label1 1
CommandButton	Name Caption	Command2 时间到	Label	Name BorderStyle	Label2 1
CommandButton	Name Caption	Command3 返回窗体 2	Label	Name BorderStyle	Label3 1

3．编写程序代码

程序代码的编写主要是分别对 4 个窗体编程。

（1）Form1 窗体的程序代码。

设置 Timer1 的时间间隔为 3s，3s 后显示窗体 2，隐藏窗体 1。

```
Private Sub Form_Load()
  Timer1.Interval = 3000
End Sub

Private Sub Timer1_Timer()
  Unload Me                           '卸载当前窗体
  Form2.Show                          ' Show 方法显示窗体 2
  Timer1.Enabled = False
End Sub
```

（2）Form2 的程序代码

```
Private Sub Command1_Click()
  Form2.Hide                          ' Hide 方法隐藏窗体 2
  Form3.Show                          ' Show 方法显示窗体 3
```

```
End Sub

Private Sub Command2_Click()
  Form2.Hide                        ' Hide 方法隐藏窗体 2
  Form4.Show                        'Show 方法显示窗体 4
End Sub

Private Sub Command3_Click()
  End                               '结束程序运行
End Sub
```

（3）Form3 窗体的程序代码。

在 Form3 窗体中通过单击命令按钮实现图片的显示和隐藏，同时命令按钮上的显示文字也发生变化。图片的显示和隐藏，可以通过改变图像框的 Visible 属性为 True 还是 False 来实现；命令按钮上的显示文字的变化，可以通过 If 语句判断单击次数的奇偶来实现。

```
Private Sub Form_Load()
  Image1.Picture = LoadPicture(App.Path & "\ex.jpg")
End Sub

Private Sub Command1_Click()
  Static m As Integer               '定义静态变量 m
  If m Mod 2 = 0 Then               '通过判断 m 的奇偶实现单击按钮 1 改变按钮文字
    Command1.Caption = "显示图片"
    Image1.Visible = False          '隐藏图片
  Else
    Command1.Caption = "隐藏图片"
    Image1.Visible = True           '显示图片
  End If
  m = m + 1
End Sub

Private Sub Command2_Click()
  Form3.Hide
  Form2.Show
End Sub
```

（4）Form4 窗体的程序代码。

在 Form4 窗体中通过“开始计时”按钮实现 Label1 中显示当前时间，Label2 中显示计时秒数的变化；“时间到”按钮实现 Label1 中时间停止，Label2 中秒数停止，Label3 中显示计时时间。时间停止及秒数停止可以通过控制计时器的活动属性来实现。

```
Option Explicit
```

```
Dim m As Integer                          '定义窗体模块变量 m
Private Sub Form_Load()
  Label1.Caption = ""
  Label2.Caption = ""
  Label3.Caption = ""
  Timer1.Enabled = False
End Sub

Private Sub Command1_Click()               '开始计时
  m = 0
  Timer1.Enabled = True
  Label3.Caption = ""
End Sub

Private Sub Command2_Click()                '时间到
  Timer1.Enabled = False
  Label2.Caption = m & """"
  Label3.Caption = "计时时间为：" & m & "秒"
End Sub

Private Sub Command3_Click()                '返回窗体 2
  Form4.Hide
  Form2.Show
End Sub

Private Sub Timer1_Timer()
  m = m + 1
  Label1.Caption = Time
  Label2.Caption = m & """"
End Sub
```

4．程序运行和调试

（1）按 F5 键运行程序，检查窗体 1 是否在屏幕中心显示。

（2）检查 Form1 上的标签是否显示正确的文字信息，3s 后是否自动切换到窗体 2。

（3）检查 Form2 上各个命令按钮是否能够使用。单击“程序 1” 按钮，是否能够显示窗体 3。

（4）检查 Form3 上的图片是否显示，多次单击“隐藏图片”按钮是否实现显示和隐藏图片，同时按钮文字是否变化，单击“返回窗体 2”按钮是否切换到窗体 2 界面。

（5）在 Form2 界面中单击“程序 2” 按钮，是否能够显示窗体 4。

（6）检查窗体 4 上各个命令按钮是否能够使用。

5．程序改进

（1）改变窗体的启动顺序，让 Form2 窗体先启动。

（2）Form3 窗体中显示隐藏图片变成图片每隔 2s 自动显示和隐藏。

将“隐藏图片”按钮功能用计时器代替，设置计时器的 Interval 属性为 2 000，其 Timer 事件的代码如下。

```
Private Sub Timer1_Timer()
    Static m As Integer
    If m Mod 2 = 0 Then
        Image1.Visible = False
    Else
        Image1.Visible = True
    End If
    m = m + 1
End Sub
```

6．保存文件

单击“保存”按钮，将窗体文件分别保存为 Frm_4_5_1.frm、Frm_4_5_2.frm、Frm_4_5_3.frm 和 Frm_4_5_4.frm，将工程文件保存为 Prj_4_5.vbp。

【拓展与思考】

通过 MDI 窗体（多文档界面）构建多窗体。MDI 窗体是一个外层的容器窗体，其界面内层可以由多个子窗体组成，如图 4-17 所示。创建一个 MDI 窗体，将上面题目中的 Form3 和 Form4 窗体作为子窗体，完成程序设计。

分析与解答：题目主要包括 3 个部分：MDI 窗体的创建、菜单的设计、子窗体 Form3 和 Form4 的创建。

（1）创建 MDI 窗体。

方法 1：单击“工程”菜单中的“添加 MDI 窗体”菜单项。

方法 2：单击工具栏上“添加窗体”右侧的按钮，在弹出菜单中单击“添加 MDI 窗体”菜单项。

（2）菜单的设计。

打开“菜单编辑器”，3 个顶层菜单的标题（名称）分别为窗体 3（Form3）、窗体 4（Form4）、退出（Exit）。

图 4-17　MDI 窗体

（3）创建子窗体 Form3 和 Form4。

上面题目已有介绍，不再重复。把 Form3 和 Form4 窗体的 MDIChild 属性设置成 True。

【习题与思考】

一、选择题

1．下列每个控件都具有的属性是（　　）。

A．Name　　B．Caption　　C．Font　　D．Interval

2．复选框的 Value 属性为 1 时，表示（　　）。

A．复选框未被选中　　B．复选框被选中

C．复选框内有灰色的勾　　D．复选框操作有误

3．引用列表框 List1 最后一个数据项，应使用（　）语句。

A．List1.List（List1.ListCount）

B．List1.List（ListCount）

C．List1.List（List1.ListCount-1）

D．List1.List（ListCount-1）

4．如果要每隔 10 s 产生一个 Timer 事件，则 Interval 属性应设置为（　）。

A．10000　　B．1000　　C．100　　D．10

5．含有多窗体的工程中启动窗体是（　　）。

A．最后一个添加的窗体

B．第一个添加的窗体

C．启动 VB 时建立的窗体

D．在“工程属性”对话框中指定的窗体

二、填空题

1．________属性用于图片框根据加载的图像自动调整大小，________属性用于图像框伸展图像。

2．Unload Me 语句的作用是________________。

3．显示一个窗体所使用的方法为________，隐藏一个窗体所使用的方法为________。

4．单选按钮的 Value 属性可取值为________、________，复选框的 Value 属性可取值为________、________、________。

5．滚动条的两个常用事件是________、________。

三、编程题

1．在窗体上添加 1 个列表框，1 个文本框和 1 个命令按钮。要求程序运行后，在列表框中自动建立 4 个列表项，分别为 Item1、Item2、Item3、Item4。如果选择列表框中的一项，单击命令按钮时，可以把该项复制到文本框中。

2．窗体上有一个图像框、一个垂直滚动条。在图像框中装入一个图片，通过单击滚动条改变图片大小。滚动条的变化范围为 0~10。每次单击滚动条时，图像框增加或缩小尺寸使得长宽都为 50。

第5章　程序控制结构

实验一　分支结构（一）

题目：编程实现输出两个整数中较大的数。

【实验目的】

（1）掌握简单分支结构的形式。
（2）掌握简单分支结构的具体应用。

【实验内容】

（1）If…Then 结构。
（2）If…Then…Else 结构。
（3）掌握简单 If 结构的具体应用。

【预备知识】

分支结构是先测试条件，根据测试的结果选择执行不同的分支。常见的单分支结构如图 5-1 所示。

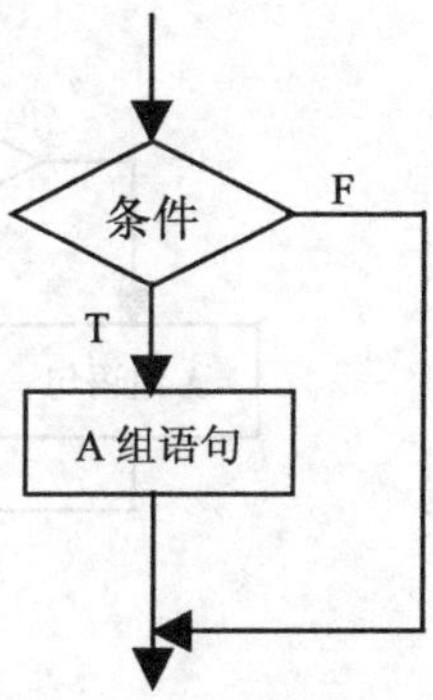

图 5-1　单分支结构

1．If…Then 结构

格式：If 条件 Then
　　A 组语句
　End If

或写在一行上：If 条件 Then A 组语句

执行规则：若条件成立，执行 A 组语句；
　　　　　条件不成立，跳过 A 组语句。

例 5-1　如果成绩大于 60 分，显示分数及文字"祝贺你考试通过！"。

```
If score >= 60 Then
   Print score
   Print "祝贺你考试通过！"
End If
```

2．If…Then…Else 结构

格式：If 条件 Then

　　A 组语句

　Else

　　B 组语句

End If

执行规则：若条件成立，执行 A 组语句；

　　　　　条件不成立，执行 B 组语句。

双分支结构如图 5-2 所示。

例 5-2 如果成绩大于 60 分，显示文字“祝贺你考试通过！”；如果成绩小于 60 分，显示文字“考试未通过！”。

```
If score >= 60 Then
  Print "祝贺你考试通过！"
Else
  Print "考试未通过！"
End If
```

【实验步骤】

“输出较大数”程序运行效果如图 5-3 所示。要求用户输入两个整数，经计算机判断后将较大数输出。用两个文本框接受用户输入，标签实现数据输出。

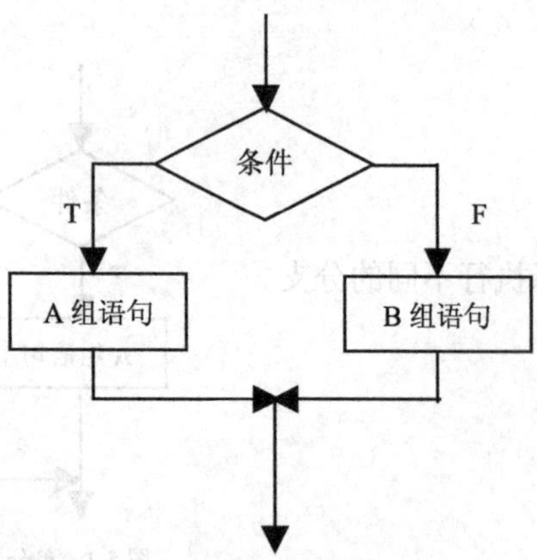

图 5-2　双分支结构

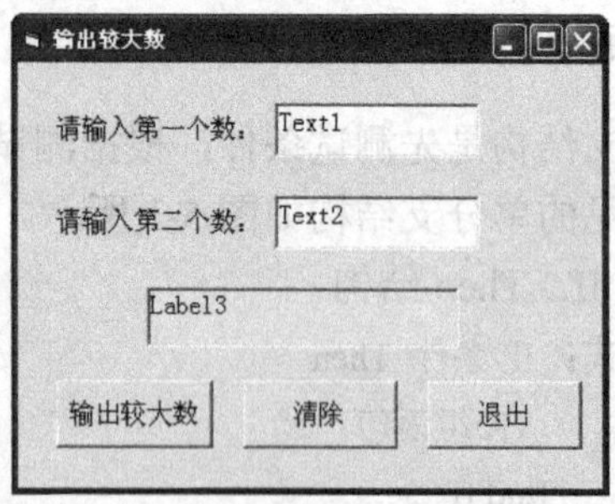

图 5-3　输出较大数的界面

步骤如下。

1．创建界面

启动 VB，新建窗体 Form1，参考图 5-3 向 Form1 窗体添加 3 个标签、两个文本框和 3 个命令按钮控件。

2．设置对象属性

控件属性设置如表 5-1 所示。

表 5-1　　　　　　　　　　　　“输出较大数”窗体及控件的属性设置

控　件	属　性	设 置 值	控　件	属　性	设 置 值
Form	Name Caption	Form1 输出较大数	TextBox TextBox	Name Name	Text1 Text2
Label	Name Caption AutoSize	Label1 请输入第一个数： True	CommandButton	Name Caption	Command1 输出较大数
Label	Name Caption AutoSize	Label2 请输入第二个数： True	CommandButton	Name Caption	Command2 清除
Label	Name BackColor BorderStyle	Label3 浅青绿 1	CommandButton	Name Caption	Command3 退出

说明：所有控件的字体均为宋体、常规、小四。

3．编写程序代码

本程序代码部分的编写可分成两步。首先设计窗体的事件过程，再设计命令按钮的事件过程。

（1）窗体的事件过程。

```
Private Sub Form_Load()
    Text1.Text = ""
    Text2.Text = ""
    Label3.Caption = ""
End Sub
```

（2）命令按钮的事件过程。

“输出较大数”按钮的事件过程，参照图 5-4 所示的流程，先在文本框中输入两个整数，将其存储在 max 和 min 变量中，通过判断 max 和 min 的值，确定较大数，最后将较大数显示在标签上。

```
Private Sub Command1_Click()
    Dim max As Integer
    Dim min As Integer
    max = Val(Text1.Text)
    min = Val(Text2.Text)
    If max < min Then
        max = min
    End If
    Label3.Caption = "较大数为：" & max
End Sub
```

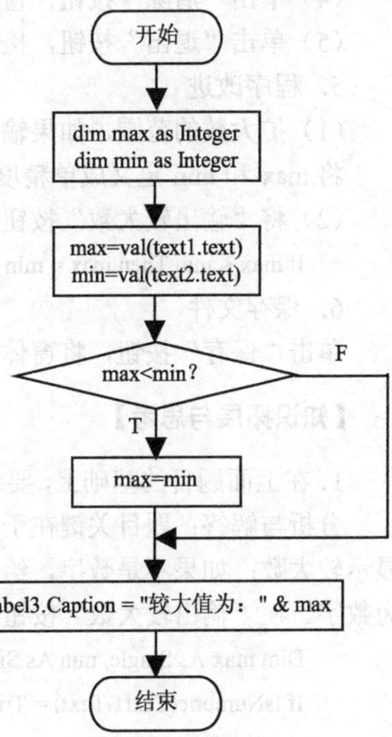

图 5-4　输出较大数的流程图

“清除”按钮的事件过程如下。

```
Private Sub Command2_Click()
  Text1.Text = ""
  Text2.Text = ""
  Label3.Caption = ""
  Text1.SetFocus
End Sub
```

“退出”按钮的事件过程如下。

```
Private Sub Command3_Click()
  Unload Me
End Sub
```

4．程序运行和调试

（1）按 F5 键运行程序，检查程序窗口中文本框与命令按钮是否可用。

（2）向两个文本框中分别输入数 10、20，单击“输出较大数”按钮，检查 Label3 中是否显示较大数。

（3）输入两个非数值数据，如“大”，“小”，单击“输出较大数”按钮，程序运行结果如何？

（4）单击“清除”按钮，检查文本框的内容是否清空，检查焦点是否在 Text1 中。

（5）单击“退出”按钮，检查程序是否会退出。

5．程序改进

（1）扩大数的范围，如果输入两个带小数的数，怎样才能显示正确结果？

将 max 和 min 定义成单精度，即 Dim max as Single，min As Single。

（2）将“输出较大数”按钮的事件过程中的 If 判断语句写在一行上。

```
If max < min Then max = min
```

6．保存文件

单击“保存”按钮，将窗体文件保存为 Frm_5_1.frm，将工程文件保存为 Prj_5_1.vbp。

【知识拓展与思考】

1．在上面题目的基础上，要求只有在文本框中输入数字才显示较大数，其他情况不显示。

分析与解答：题目关键在于判断文本框中输入的是否为数字。如果是数字，比较大小，显示较大数；如果不是数字，给出提示，不显示较大数。IsNumeric()函数可以用来判断是否为数字。在“输出较大数”按钮的事件过程中可以做如下修改。

```
Dim max As Single, min As Single
If IsNumeric(Text1.Text) = True And IsNumeric(Text2.Text) = True Then
  max = Val(Text1.Text)
  min = Val(Text2.Text)
  If max < min Then max = min
  Label3.Caption = "较大数为：" & max
Else
  MsgBox "你输入的不是数字！"
```

```
        Text1.Text = ""
        Text2.Text = ""
        Text1.SetFocus
    End If
```

2．已知三角形三条边的长度为 *a*、*b*、*c*，求三角形的面积 *s*。

分析与解答：三角形面积公式 $s=\sqrt{p(p-a)(p-b)(p-c)}$，其中 *p* 是周长的一半，即 $p=(a+b+c)/2$，而求面积的前提是构成的三角形要存在，所以要满足 $a+b>c$ 且 $a+c>b$ 且 $b+c>a$。本题有 3 个输入量和 1 个输出量，可以通过文本框来接收数据的输入和输出。设计界面如图 5-5 所示。部分代码如下。

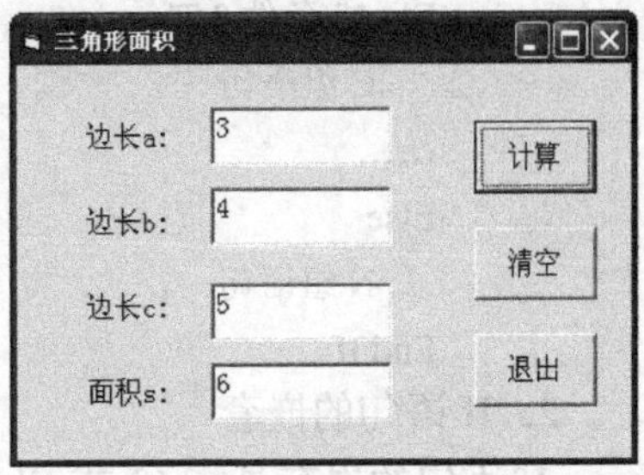

图 5-5 求三角形面积的设计界面

```
    Dim a!, b!, c!, p!, s!
    a = Val(Text1.Text)
    b = Val(Text2.Text)
    c = Val(Text3.Text)
    If a + b > c And a + c > b And b + c > a Then
        p = (a + b + c) / 2
        s = Sqr(p * (p - a) * (p - b) * (p - c))
        Text4.Text = CStr(s)
    Else
        MsgBox "输入的数据有误！"
        Text1.Text = ""
        Text2.Text = ""
        Text3.Text = ""
        Text1.SetFocus
    End If
```

实验二 分支结构（二）

题目：编写求分段函数值的程序。

【实验目的】

（1）掌握多分支结构的形式。

（2）掌握多分支结构具体应用。

【实验内容】

（1）If…Then…ElseIf 结构。

（2）If 语句的嵌套。

（3）Select Case 结构。

（4）多分支结构中 If 结构与 Case 结构的转换。

【预备知识】

多分支选择结构根据多个条件进行判断时，如果有多个分支同时满足，只执行第一个与之匹配的语句块。

1．If…Then…ElseIf 结构

格式：
```
If 条件 1 Then
        A 组语句
    ElseIf 条件 2 Then
        B 组语句
    ElseIf 条件 3 Then
        C 组语句
    ……
    Else
        N 组语句
    End If
```

2．If 语句的嵌套

If 语句的嵌套是指 If 或 Else 后面的语句块中又包含 If 语句。语句形式如下。

```
If 条件 1 Then
  If 条件 2 Then
    ……
  End If
  ……
End If
```

注意

（1）对于嵌套结构，为了增强程序的可读性，应该采用缩进形式书写。

（2）If 语句形式若不在一行上书写，必须与 End If 配对。

3．Select Case 结构

```
Select Case 测试表达式
    Case 测试项 1
        A 组语句
    Case 测试项 2
        B 组语句
      ……
    Case Else
        N 组语句
End Select
```

注意

测试表达式的取值可以是以下 4 种形式。

（1）具体的值，如 5、10、"A"等。

（2）连续的范围，如 1 To 10、"A" To "F"等。

注意

（3）满足某判断条件，如 Is>16、 Is>"A"等。

（4）以上 3 种的组合，如 3、10 To 15、Is>30。

【实验步骤】

“求函数值”程序运行界面如图 5-6 所示。要求输入 x 的值，根据下面函数表达式求出 y 的值。

$$y=\begin{cases}10-x & x<-10\\ x+5 & x\leqslant -5\\ x^3+2 & x\leqslant -1\\ 1/x & x>-1\end{cases}$$

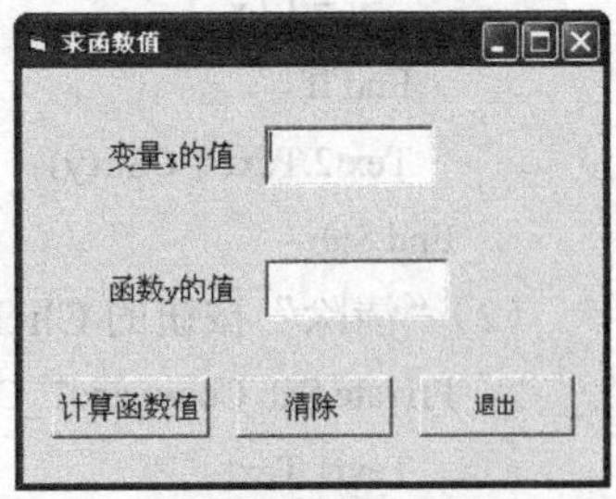

图 5-6 求函数值的界面

步骤如下。

1．创建界面

启动 VB，新建窗体 Form1，参考图 5-6 向 Form1 窗体添加两个标签、两个文本框和 3 个命令按钮控件。

2．设计对象属性

控件属性设置如表 5-2 所示。

表 5-2 “求函数值”窗体及控件的属性设置

控　件	属　性	设 置 值	控　件	属　性	设 置 值
Form	Name Caption	Form1 求函数值	TextBox	Name Text	Text2 空白
Label	Name Caption	Label1 变量 x 的值	CommandButton	Name Caption	Command1 计算函数值
Label	Name Caption	Label2 函数 y 的值	CommandButton	Name Caption	Command2 清除
TextBox	Name Text	Text1 空白	CommandButton	Name Caption Cancel	Command3 退出 True

3．编写程序代码

（1）“计算函数值”按钮的 Click 事件过程。

题目中有 1 个输入量 x 和 1 个输出量 y，用文本框来接收数据的输入和输出。利用多分支结构对 x 的范围进行判断，从而确定采用哪一个表达式来计算 y 的值，最后将计算出的 y 值显示到文本框中。

```
Private Sub Command1_Click()
    Dim x As Single, y As Single
    x = Val(Text1.Text)
    If x <= -10 Then
```

```
    y = 10 - x
  ElseIf x <= -5 Then
    y = x + 5
  ElseIf x <= -1 Then
    y = x ^ 3 + 2
  Else
    y = 1 / x
  End If
  Text2.Text = CStr(y)
End Sub
```

（2）“清除”按钮的 Click 事件过程。

```
Private Sub Command2_Click()
  Text1.Text = ""
  Text2.Text = ""
  Text1.SetFocus
End Sub
```

（3）“退出”按钮的 Click 事件过程。

```
Private Sub Command3_Click()
  End
End Sub
```

4．程序运行和调试

（1）按 F5 键运行程序，检查文本框与命令按钮是否都可用，检查文本框是否清空。

（2）在文本框 1 中输入 *x* 的值。

（3）单击“计算函数值”按钮，检查文本框 2 是否显示数值。

（4）根据 *x* 的取值选择函数表达式，手动计算 *y* 的值，比较结果与文本框 2 中显示的值是否一致。

（5）单击“清除”按钮，观察文本框内容的变化及焦点位置。

（6）单击“退出”按钮，程序能否退出？

5．程序改进

（1）*x* 的值除了通过文本框输入获取外，还可以通过 Inputbox 函数获取。

```
x = InputBox("输入 x 的值：", "输入框")
```

（2）*x* 取 0 时会出现什么情况？如何避免？

x 取 0 时会选取表达式 1/*x*，而 0 不能做分母，所以可以用判断语句去除这种情况，保证程序运行的畅通性。在多分支选择中 Else 后面使用 If 嵌套结构实现。

```
If x = 0 Then
  MsgBox "0 不能做分母！请重新输入！"
Else
  y = 1 / x
End If
```

6．保存文件

单击“保存”按钮，将窗体文件保存为 Frm_5_2.frm，将工程文件保存为 Prj_5_2.vbp。

【拓展与思考】

1．将上面题目程序中的 If…Then…ElseIf 结构改成 Select Case 结构。

分析与解答：主要考虑两种多分支结构的转换。If…Then…ElseIf 结构中通过判断 *x* 的范围确定表达式，在 Select Case 结构中可以把 *x* 作为测试表达式，通过 Case 语句来划分范围。“计算函数值”按钮的 Click 事件过程可以做如下修改。

```
Private Sub Command1_Click()
  Dim x As Single, y As Single
  x = Val(Text1.Text)
  Select Case x
    Case Is < -10
      y = 10 - x
    Case -10 To -5
      y = x + 5
    Case -5 To -1
      y = x ^ 3 + 1
    Case Else
      y = 1 / x
  End Select
  Text2.Text = CStr(y)
End Sub
```

2．编程实现根据当前的日期，显示今天是星期几。

分析与解答：一个星期 7 天，从星期一到星期日，可以根据 Weekday()函数的返回值来判断今天是一个星期中的第几天，从而确定是星期几，所以这就涉及多条件的判断，程序设计用 Select Case 结构更加方便。用变量 ***m*** 来存储 Weekday()函数的返回值，把 ***m*** 作为测试表达式，根据 ***m*** 的值来判断是星期几。

```
Private Sub Form_Load()
  Dim m As Integer, n As String
  m = Weekday(Now, vbMonday)        '将星期一作为一个星期中的第一天
  Select Case m
    Case 1
      n = "一"
    Case 2
      n = "二"
    Case 3
      n = "三"
    Case 4
```

```
        n = "四"
    Case 5
        n = "五"
    Case 6
        n = "六"
    Case 7
        n = "日"
    End Select
    Label1.Caption = "今天是星期" & n
End Sub
```

实验三　循环结构——For 语句

题目：求出 100～200 的所有能被 13 整除的整数。

【实验目的】

（1）掌握 For 循环的结构形式。

（2）掌握 For 循环的具体应用。

【实验内容】

（1）For…Next 结构。

（2）循环次数的统计。

（3）利用 For 循环设计程序。

【预备知识】

循环是指在程序设计中重复执行某些操作。For 循环一般用于循环次数比较明确的情况。

1．For 循环

格式：For 循环变量=初值 To 终值 [Step 步长]

循环体

Next 循环变量

执行过程如图 5-7 所示。

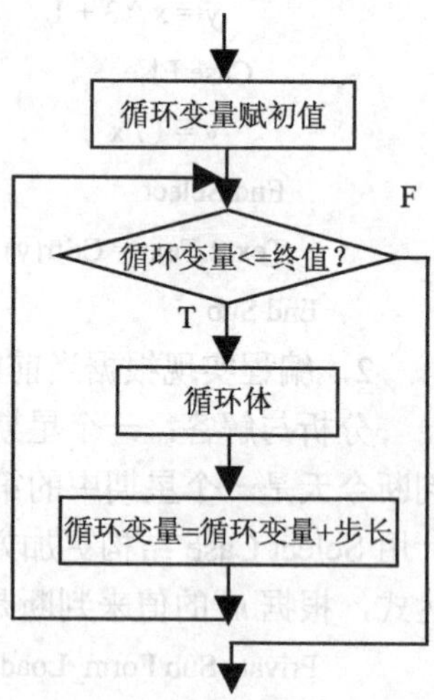

图 5-7　For 循环结构

（1）将初值赋循环变量。

（2）判断循环变量值是否小于等于终止值。

（3）若是，执行循环体。

（4）将变量增加一个步长。

（5）重复步骤（2）～（4）。

（6）否则，结束循环。

注意

(1) 如果没有关键字 Step 和步长值，则默认步长值为 1。
(2) 循环变量、初值、终值和步长值都必须为数值型。
(3) 循环体中遇到 Exit For 语句提前跳出循环。
(4) 退出循环后，循环变量保持退出时的值。

2．循环次数统计

For 循环的循环次数由循环变量的初值、终值和步长决定：Int((终值-初值)/步长)+1。

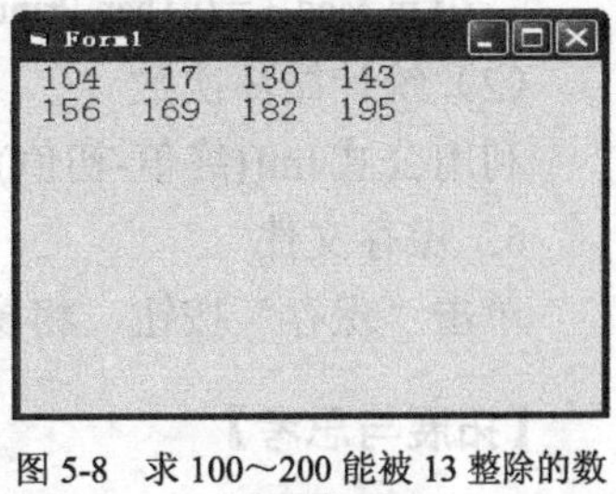

图 5-8　求 100～200 能被 13 整除的数程序窗体界面

【实验步骤】

程序运行界面如图 5-8 所示。要求结果以蓝色在窗体上显示出来，并且 4 个数一行排列起来。

1．创建界面

启动 VB，新建窗体 Form1。

2．设计对象属性

Form1 窗体的属性设置如表 5-3 所示。

表 5-3　“100～200 间被 13 整除”窗体的属性设置

对　象	属　性	设 置 值
Form1	Name ForeColor Font	Form1 蓝色 宋体、四号

3．编写程序代码

编写 Form1 窗体的 Click 事件过程。需要从 100 开始依次判断能否被 13 整除，因此是一个重复操作过程，可以用循环来解决。100～200 范围明确，初值为 100，终值为 200，步长为 1。如果能被 13 整除，则用 Print 方法显示到窗体上，若不能则不显示。用变量 *m* 统计在窗体上显示数的个数，如果是 4 的倍数则换行显示。

```
Private Sub Form_Click()
  Dim I As Integer, m As Integer
  For I = 100 To 200                    '步长 1 省略
  If I Mod 13 = 0 Then
      Print I;                          '冒号不能少，表示同一行紧凑格式输出
      m = m + 1
      If m Mod 4 = 0 Then Print         'm 能被 4 整除换行
  End If
  Next I
End Sub
```

4．程序运行和调试

(1) 按 F5 键运行程序。

（2）单击窗体，检查窗体上是否有数字显示。

（3）检查数字显示的颜色是否为蓝色，数字是否 4 个为一行进行输出。

（4）单击"关闭"按钮，结束程序运行。

5．程序改进

（1）改成 3 个数一行显示，如图 5-9 所示。

```
If m Mod 3 = 0 Then Print
```

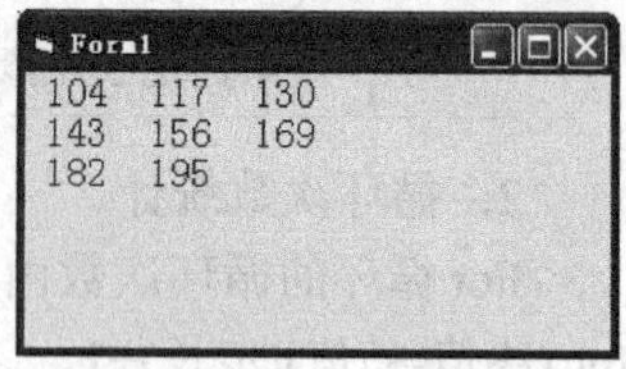

图 5-9 3 个数一行输出界面

（2）统计循环次数

利用公式 Int((终值-初值)/步长)+1 可以算出循环次数为 101。

6．保存文件

单击"保存"按钮，将窗体文件保存为 Frm_5_3.frm，将工程文件保存为 Prj_5_3.vbp。

【拓展与思考】

1．同样求 100～200 的所有能被 13 整除的整数，能不能将上面程序中 For 循环的初值和终值掉换位置？如果能，如何修改？若求找出 100～200 的第一个能被 13 整除的整数，程序又应如何设计？

分析与解答：

（1）上面程序中 For 循环的初值和终值可以掉换位置，不过此时步长不能省略，应该设置成–1，此外窗体中显示的数字顺序也会发生变化。程序代码如下，运行界面如图 5-10 所示。

```
Private Sub Form_Click()
    Dim I As Integer, m As Integer
    For I = 200 To 100 Step–1
    If I Mod 13 = 0 Then
        Print I;
        m = m + 1
        If m Mod 4 = 0 Then Print
    End If
    Next I
End Sub
```

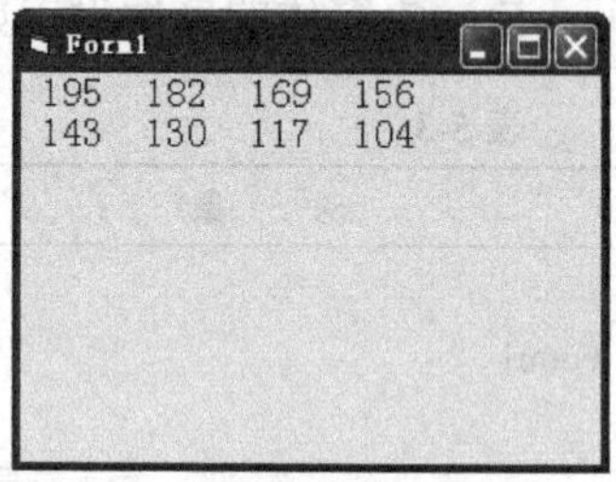

图 5-10 界面 1

（2）要找出 100～200 的第一个能被 13 整除的整数，还是从 100 开始进行判断。当找到第一个能被 13 整除的整数后，不需要再往下循环，可以通过 Exit For 语句提前跳出循环，此时窗体上只显示第一个能被 13 整除的整数。程序代码如下，运行界面如图 5-11 所示。

图 5-11 界面 2

```
Private Sub Form_Click()
    Dim I As Integer, m As Integer
    For I = 100 To 200
    If I Mod 13 = 0 Then
        Print I;
```

```
      Exit For
    End If
    Next I
End Sub
```

2．输入一个字符串，要求将该字符串反向输出，编程实现。

分析与解答：程序设计时用文本框接收字符串的输入和输出，颠倒字符串也就是将字符串反向输出，只要通过取字符函数 Mid()反向逐个取字符，再把取出的字符组合起来即可。逐个取字符是重复操作，可以用 For 循环解决。先从字符串最后一个字符取，所以初值为字符串长度，终值为 1，步长为-1。程序运行界面如图 5-12 所示。

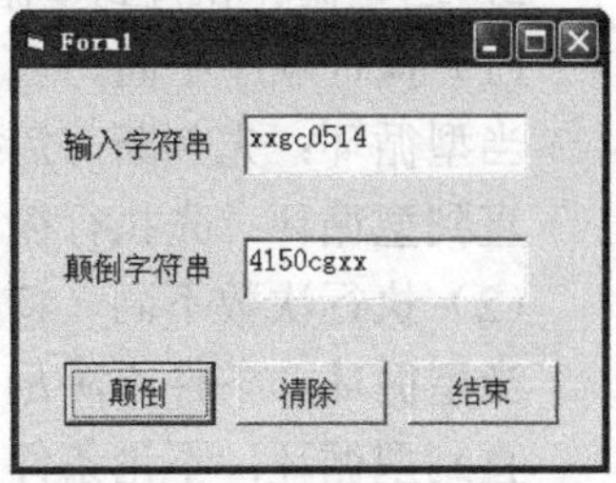

图 5-12　颠倒字符串

“颠倒”按钮的事件过程如下。

```
Private Sub Command1_Click()
    Dim i%, m%, n$
    m = Len(Text1.Text)
    For i = m To 1 Step -1
      n = n & Mid(Text1.Text, i, 1)
    Next i
    Text2.Text = n
End Sub
```

实验四　循环结构——Do 语句

题目：编写一个求 1 ~ 100 自然数平方和的程序。

【实验目的】

（1）掌握 Do 循环的结构形式。
（2）掌握 Do 循环的具体应用。

【实验内容】

（1）Do 循环的两种结构形式。
（2）当型循环和直到型循环之间的区别。
（3）Do 循环中 While 条件和 Until 条件的区别。
（4）利用 Do 循环设计程序。

【预备知识】

Do 循环的执行不是通过判断循环变量与终值的关系，而且根据循环条件是 True 还是 False 来判断。

1．Do 循环

Do 循环可以分为当型循环和直到型循环两种结构。

（1）当型循环。

格式：Do <While | Until 循环条件>

　　　循环体

　　Loop

（2）直到型循环。

格式：Do

　　　循环体

　　Loop <While | Until 循环条件>

2．当型循环和直到型循环的区别

（1）执行顺序不同。

当型循环：先判断，后执行循环体。

直到型循环：先执行循环体，后判断。

（2）执行次数不同（特殊情况下）。

当型循环：条件不满足，循环体可能一次也不执行。

直到型循环：不论条件是否满足，循环体至少执行一次。

3．While 条件和 Until 条件的区别

While 条件为真时执行循环体，否则退出循环。

Until 条件为假时执行循环体，否则退出循环。

【实验步骤】

求 1～100 自然数平方和程序运行界面如图 5-13 所示。

步骤如下。

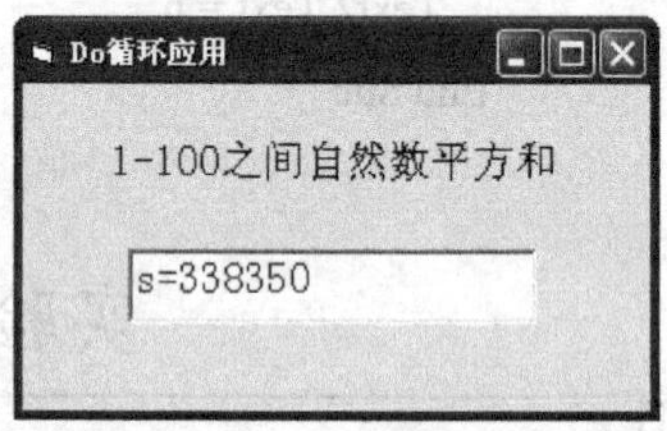

图 5-13　求 1～100 的自然数平方和

1．创建界面

启动 VB，新建窗体 Form1，参考图 5-13 向 Form1 添加一个标签和一个文本框。

2．设计对象属性

控件属性设置如表 5-4 所示。

表 5-4　　“求 1～100 自然数平方和”窗体及控件的属性设置

控　件	属　性	设 置 值	控　件	属　性	设 置 值
Form	Name Caption StartUpPosition	Form1 Do 循环应用 2	Label	Name Caption	Label1 1～100 之间自然数平方和
			TextBox	Name Text	Text1 空白

3．编写程序代码

程序运行后，通过单击窗体来计算 1～100 自然数平方和，并将其结果显示到文本框中。定义两个变量 i 和 s，i 表示 1～100 的自然数，s 存储自然数的平方和，1～100 的平方和超过了整型表示的范围，所以 s 定义成长整型。

窗体的事件过程代码如下。

```
Private Sub Form_Click()
```

```
    Dim i As Integer, s As Long
    i = 1
    Do While i <= 100
      s = s + i ^ 2
      i = i + 1
    Loop
    Text1.Text = "s=" & s
  End Sub
```

4．程序运行和调试

（1）按 F5 键运行程序，检查窗口是否在屏幕中心显示。

（2）检查窗体上的文本框内容是否为空，标签是否正确显示文字信息。

（3）单击窗体，检查文本框中是否出现运行结果。

（4）单击“关闭”按钮退出程序。

5．程序改进

（1）改成用 For 循环实现。

```
  Private Sub Form_Click()
    Dim i As Integer, s As Long
    For i = 1 To 100
      s = s + i ^ 2
    Next i
    Text1.Text = "s=" & s
  End Sub
```

（2）改成用其他格式的 Do 循环实现。

```
  Private Sub Form_Click()
    Dim i As Integer, s As Long
    i = 1
    Do
      s = s + i ^ 2
      i = i + 1
    Loop While i <= 100
    Text1.Text = "s=" & s
  End Sub

  Private Sub Form_Click()
    Dim i As Integer, s As Long
    i = 1
    Do Until i > 100
      s = s + i ^ 2
      i = i + 1
```

```
    Loop
    Text1.Text = "s=" & s
End Sub

Private Sub Form_Click()
    Dim i As Integer, s As Long
    i = 1
    Do
        s = s + i ^ 2
        i = i + 1
    Loop Until i > 100
    Text1.Text = "s=" & s
End Sub
```

6．保存文件

单击“保存”按钮，将窗体文件保存为 Frm_5_4.frm，将工程文件保存为 Prj_5_4.vbp。

【拓展与思考】

1．设计程序，求分数数列$\frac{2}{1}+\frac{3}{2}+\frac{5}{3}+\frac{8}{5}+\frac{13}{8}+\frac{21}{13}+\ldots$前 20 项之和。

分析与解答：求分数数列的和，先分析数列中每一项分子和分母的取值是否有规律，从中不难发现后一项分数的分子是前一项分数分子与分母的和，后一项分数的分母是前一项分数的分子。定义两个变量 *a*、*b*，分别用来表示分母、分子，设置初始值 *a*=1，*b*=2，表示第一项。定义临时变量 temp 用来存储中间过程中 *a* 的值，定义单精度型变量 *s* 存储累加和。因为是累加，所以可以通过 For 循环或 Do 循环实现。程序运行界面如图 5-14 所示：

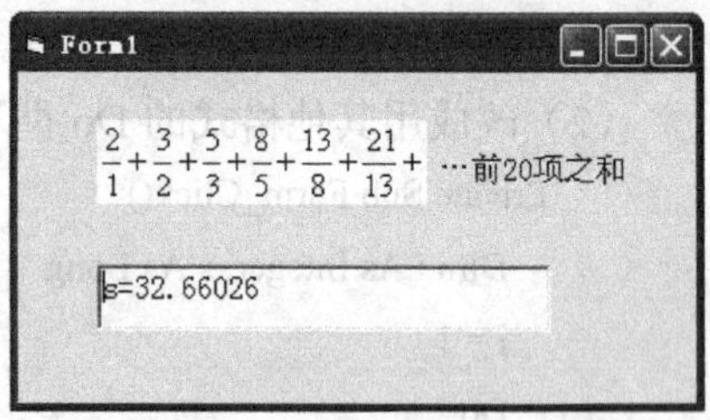

图 5-14　分数数列前 20 项和

窗体的事件过程如下。

```
Private Sub Form_Click()
    Dim a As Integer, b As Integer, s As Single, i As Integer, temp As Integer
    i = 1
    a = 1
    b = 2
    Do While i <= 20
        s = s + b / a
        temp = a
        a = b
        b = temp + b
        i = i + 1
    Loop
```

```
    Text1.Text = "s=" & CStr(s)
End Sub
```

2．设计程序，随机生成 10 个两位正整数，将其中的偶数和奇数分别输出到两个列表框中。

分析与解答：随机生成 10 个两位正整数，“生成 10 个”是重复操作，使用循环解决。“两位正整数”可以通过 Rnd()函数产生，将其显示到文本框中。根据产生的随机数来判断奇偶性，判断其能不能被 2 整除，能则添加到列表框 1 中，不能则添加到列表框 2 中。程序运行界面如图 5-15 所示。“生成随机数”按钮的事件过程如下。

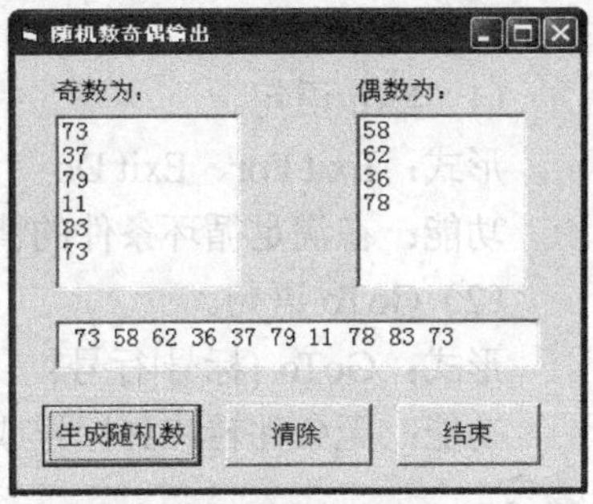

图 5-15　随机数奇偶输出

```
Private Sub Command1_Click()
    Dim i As Integer, k As Integer
    i = 1
    Do Until i > 10
        k = Int(Rnd * 90 + 10)
        Text1.Text = Text1.Text & Str(k)
        If k Mod 2 <> 0 Then
            List1.AddItem k
        Else
            List2.AddItem k
        End If
        i = i + 1
    Loop
End Sub
```

实验五　综合实验一

题目：将一张面值为 100 元的人民币等值换成 100 张 5 元、1 元和 5 角的零钞，要求每种零钞不少于 1 张，问有哪几种组合？

【实验目的】

（1）掌握多重循环的结构形式。
（2）掌握辅助控制语句的使用。
（3）掌握多重循环的具体应用。

【实验内容】

（1）For 循环、Do 循环的相互嵌套。
（2）Exit 语句和 GoTo 语句的了解。
（3）使用多重循环设计程序。

【预备知识】

1．多重循环

在一个循环体内又包含了一个完整的循环结构称为循环的嵌套，又称为多重循环。多重循环可以是 For 循环、While 循环、Do 循环的相互嵌套。

注意 （1）内、外循环的循环变量不能同名。

（2）外循环必须完全包含内循环，不可以出现交叉现象。

2．辅助控制语句

（1）Exit 语句。

形式：Exit For、Exit Do

功能：在满足循环条件的情况下，可以利用 Exit 语句提前跳出循环体，结束循环。

（2）GoTo 语句。

形式：GoTo {标号|行号}

功能：无条件转移到标号或行号指定的语句。

注意 GoTo 语句只能转移到同一过程的标号或行号处，标号是一个字符串，首字符必须为字母，不区分大小写，标号后应有冒号；行号是一个数字序列。GoTo 语句使用频率过高，会使程序结构不清晰，可读性变差。

（3）End 语句。

形式：End

功能：End 用于结束程序的运行。

【实验步骤】

“等价兑换”程序的运行界面如图 5-16 所示。单击“运行”按钮，在列表框中显示统计出来的钱币组合。单击“清除”按钮，列表框中的信息被清除。单击“结束”按钮，关闭程序。

1．创建界面

启动 VB，新建窗体 Form1，参考图 5-16 向 Form1 窗体中添加一个列表框和 3 个命令按钮。

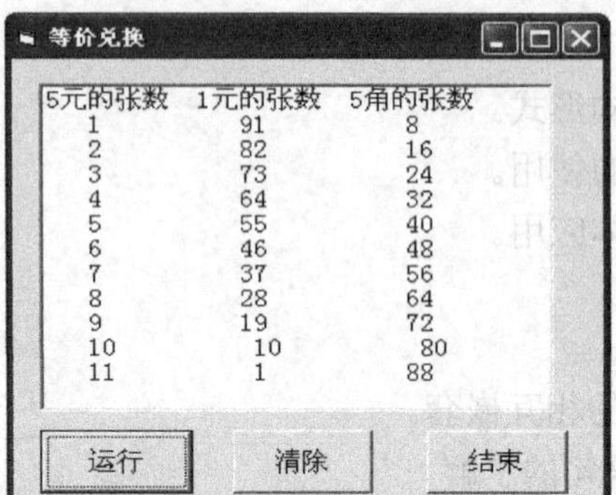

图 5-16 等价兑换 1

2．设计对象属性

控件属性设置如表 5-5 所示。

表 5-5　　　　　　　　　　　“等价兑换”窗体及控件的属性设置

控　件	属　性	设 置 值	控　件	属　性	设 置 值
Form	Name Caption	Form1 等价兑换	CommandButton	Name Caption	Command1 运行
ListBox	Name	List1	CommandButton	Name Caption	Command2 清除
			CommandButton	Name Caption	Command3 结束

说明：所有控件的字体均为宋体、常规、小四。

3．编写程序代码

（1）窗体的事件过程。

在窗体的事件过程中主要是对列表框 1 进行初始化。

```
Private Sub Form_Load()
   List1.AddItem "5 元的张数" & Space(2) & "1 元的张数" & Space(2) & "5 角的张数"
End Sub
```

（2）按钮的事件过程。

在“运行”按钮的事件过程中，定义 3 个变量 *i*、*j*、*k*，分别表示 5 元、1 元、5 角的张数，根据面值大小可以知道 *i* 的取值范围应为 1～20，*j* 的取值范围为 1～100 - *i*，则 *k* 的值为 100-*i*-*j*。只要满足 $i * 5 + j * 1 + k * 0.5 = 100$，则 *i*、*j*、*k* 就是一个组合，将其添加到列表框 1 中。

```
Private Sub Command1_Click()
   Dim i, j, k As Integer          'i、j、k 用于表示 5 元、1 元、5 角的张数
   For i = 1 To 20
      For j = 1 To 100 - i
         k = 100 - i - j
         If i * 5 + j * 1 + k * 0.5 = 100 Then
            List1.AddItem Space(3) & i & Space(10) & j & Space(10) & k
         End If
      Next j
   Next i
End Sub
```

“清除”按钮的事件过程如下。

```
Private Sub Command2_Click()
   List1.Clear
   List1.AddItem "5 元的张数" & Space(2) & "1 元的张数" & Space(2) & "5 角的张数"
End Sub
```

“结束”按钮的事件过程如下。

```
Private Sub Command3_Click()
  End
End Sub
```

4．程序运行和调试

（1）按 F5 键运行程序，检查列表框与命令按钮是否正常显示，检查列表框 1 中是否显示正确的内容。

（2）单击“运行”按钮，列表框 1 中是否显示相应的项目信息。

（3）单击“清除”按钮，列表框 1 中是否保留第一项的内容。

（4）单击“结束”按钮，检查程序是否会退出。

5．程序改进

（1）系统运行后，按回车键也能执行“运行”按钮。

将“运行”按钮的 Default 属性设置成 True。

（2）按 Esc 键也能结束程序的运行。

将“结束”按钮的 Cancel 属性设置成 True。

（3）如何将图 5-16 列表框 1 中显示的各种组合排列整齐？

只需要更改一条语句，用 Format(i, "!@@")对 *i* 进行左对齐格式化输出，效果如图 5-17 所示。

```
List1.AddItem Space(3) & Format(i, "!@@") & _
Space(10) & Format(j, "!@@") & _
Space(10) & Format(k, "!@@")
```

如果右对齐，用 Format(i, "@@")对 *i* 进行右对齐格式化输出，效果如图 5-18 所示。

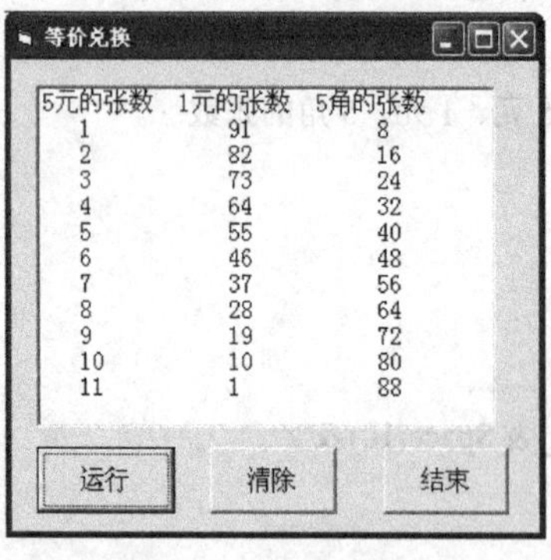

图 5-17　等价兑换 2

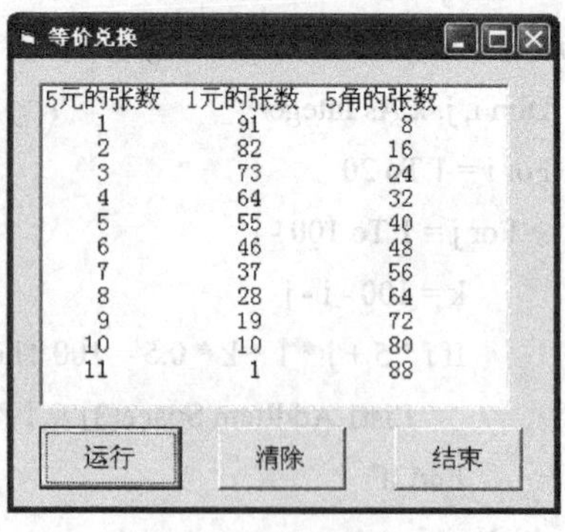

图 5-18　等价兑换 3

```
List1.AddItem Space(3) & Format(i, "@@") & _
Space(10) & Format(j, "@@") & _
Space(10) & Format(k, "@@")
```

6．保存文件

单击“保存”按钮，将窗体文件保存为 Frm_5_5.frm，将工程文件保存为 Prj_5_5.vbp。

【拓展与思考】

1．设计程序，输入正整数 *M* 和 *N*（*M*<*N*），求 *M* 和 *N* 之间的素数。

分析与解答：素数是指除了 1 和它本身外，不能被其他任何数整除的数。要判断 *i* 是否是素数，只要使用循环结构看 *i* 能不能被 2～*i*–1 的数整除。若能整除，使用 Exit 语句跳出循环，不能整除，则最终条件变量的值应该为 *i*，所以只要判断最终条件变量的值是否为 *i* 来确定 *i* 是否为素数。求 *M*～*N* 的素数，应从 *M*～*N* 依次判断，所以这是一道多重循环的题目，外循环确定循环范围为 *M*～*N*，内循环判断是否为素数，其中还要考虑 *M* 和 *N* 的大小及正负。正整数 *M* 和 *N* 的输入及最终素数的输出可以通过文本框来接收。程序运行界面如图 5-19 所示。部分程序代码如下。

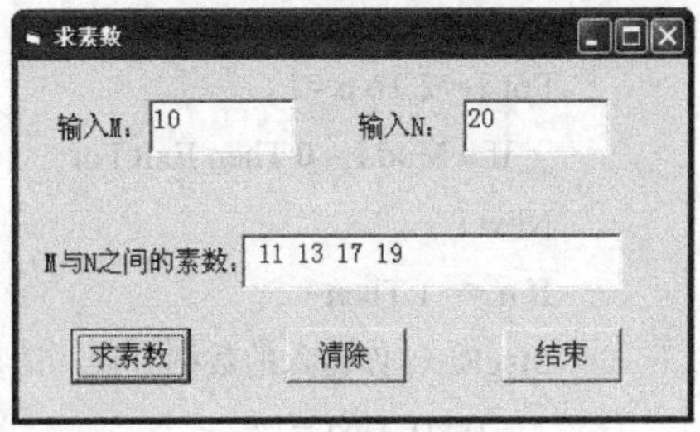

图 5-19 求素数

```
Private Sub Command1_Click()
  Dim M As Integer, N As Integer, i As Integer, j As Integer
  M = Val(Text1.Text)
  N = Val(Text2.Text)
  If M > 0 And N > 0 And M < N Then
    For i = M To N
        j = 2
        Do While j <= i - 1
            If i Mod j = 0 Then Exit Do
            j = j + 1
        Loop
        If j = i Then
            Text3.Text = Text3.Text & Str(i)
             End if
    Next i
  Else
    MsgBox "数据有误，重新运行系统！"
    End
  End If
End Sub
```

2．编程实现将一个正整数分解为质因数乘积，如 90 =2*3*3*5。

分析与解答：将一个正整数分解为质因数乘积，也就是把一个正整数写成几个素数的乘积。首先要保证这个正整数不能为素数，因为素数除 1 和它本身外，没有其他因子。若这个正整数为 *n*，在 2～*n*–1 间依次寻找 *n* 的最小因子 *j*（肯定是质因子），输出最小因子 *j*。*n*=*n*/*j*，再重复上述步骤查找 *n* 的最小因子，直到 *n*=1 退出循环。此时查找的所有最小因子的乘积就是质因数乘积。程序运行界面如图 5-20 所示。部分程序代码如下。

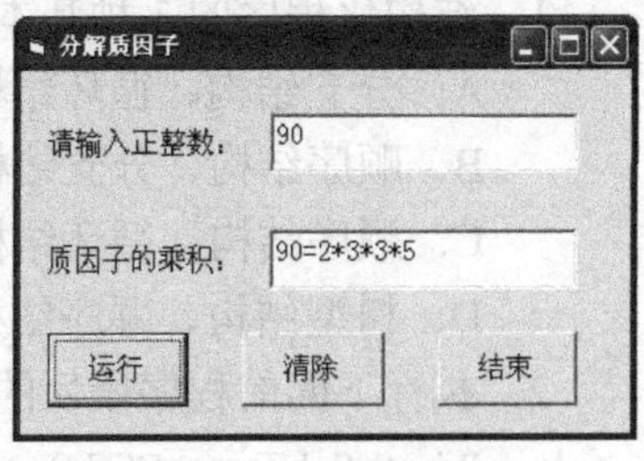

图 5-20 分解质因子

```
Private Sub Command1_Click()
```

```
Dim m As Integer, n As Integer, k As Integer,s As String, t As String
n = Val(Text1.Text)
m = n
For i = 2 To n - 1
   If n Mod i = 0 Then Exit For
Next i
If n <= 1 Then
MsgBox "你输入的数据有误，请重新输入！"
    Text1.Text = ""
    Text1.SetFocus
ElseIf i = n Then
MsgBox "你输入数据是素数，请重新输入！"
    Text1.Text = ""
    Text1.SetFocus
Else
   For j = 2 To n - 1
       If n Mod j = 0 Then
           n = n / j
           s = s & "*" & j                  'j 就是最小因子
           If n = 1 Then Exit For           '最后一个因子找到后，n 的值会变成 1
           j = 1
       End If
   Next j
   For k = 2 To Len(s)
      t = t & Mid(s, k, 1)                  '去除 s 最前面的*号
   Next k
   Text2.Text = CStr(m) & "=" & t           '将乘积表达式显示到文本框 2 中
End If
End Sub
```

【习题与思考】

一、选择题

1．结构化程序的 3 种基本结构是（　）。

A．分支结构、循环结构、树型结构

B．顺序结构、分支结构、循环结构

C．顺序结构、循环结构、树型结构

D．树型结构、顺序结构、分支结构

2．执行下面的程序段后的显示结果是（　　）。

```
Private Sub Form_Click()
```

```
  Dim m
  If m Then Print m Else Print m+1
End Sub
```

A．0　　B．1　　C．""　　D．False

3．设 a=6，则执行 x=IIf(a>5,-1,0)后，x 的值为（　　）。

A．5　　B．6　　C．-1　　D．0

4．下列程序段的执行结果为（　　）。

```
x=Int((69-60)*Rnd+60)
Select Case x
  Case Is>90
      Print "优秀"
  Case 80 To 89
      Print "良好"
  Case 60 To 79
      Print "合格"
  Case Else
      Print "不合格"
End Select
```

A．优秀　　B．良好　　C．合格　　D．不合格

5．在窗体上添加一个名称为 Text1 的文本框和一个名称为 Command1 的命令按钮，然后编写如下事件过程。

```
Private Sub Command1_Click()
  Dim i As Integer,n As Integer
  For i=0 To 50
      i=i+3
      n=n+1
      If i>10 Then Exit For
  Next
  Text1.Text=Str(n)
End Sub
```

程序运行后，单击命令按钮，在文本框中显示的值是（　　）。

A．2　　B．3　　C．4　　D．5

二、填空题

1．If 语句的嵌套是指__________________________。

2．For 循环中计算循环次数的公式为____________。

3．Do 循环可以分为____________和____________两种结构。

4．可以提前跳出循环的语句是____________。

5．下列程序运行后，内层循环的总循环次数为____________。

```
For x= 1 to 4
```

```
    For y =1 to x
        Print y
    Next y
Next x
```

三、编程题

1．已知 x、y、z 三个数，比较它们的大小并排序，使得 $x>y>z$。

2．设计程序，求 50 以内的所有勾股数。勾股数是指满足条件 $a^2+b^2=c^2$（$a\neq b$）的自然数。

第6章　数组

实验一　一维数组

题目：随机产生5个两位正整数，用选择法对其按从小到大的顺序排列。

【实验目的】

（1）掌握一维数组的定义方法。
（2）正确理解和使用数组元素的下标，熟练掌握数组元素的引用、赋值、输入和输出。
（3）学会利用数组解决排序问题。

【实验内容】

（1）一维数组的定义及初始化。
（2）掌握常见的数组问题的算法（特别是排序问题）。
（3）掌握固定大小数组的使用方法。

【预备知识】

数组是一组具有相同名字、不同下标的有序变量的集合。数组包含的数据有一个相同的名字，称为数组名。数组内的每一个数据成员称为数组元素，每个数组元素的编号称为下标，数组元素用数组名和下标来表示。

数组元素是带有下标的变量，其一般形式为：

数组名（下标1 [，下标2，…]）

在使用一个数组之前必须对数组进行定义，确定其名称、类型和大小。

1．数组定义

数组定义的语法形式如下。

Dim|Private| Public| static　<数组名> ([维界定义])　[As 数据类型]

其中数组名的命名规则与变量名相同。

维界定义格式如下。

[下界1 To]上界1, [下界2 To]上界2……　。

一般情况，当[下界　To]缺省时，默认值为0。下界≤上界。数组的维界定义必须为常数或常数表达式，不能是变量名或表达式。

例如：

```
n=10
    Dim c(n) As Single        '错误，下标不能是变量，只能是常数或常量符号
```

也可在代码窗口的通用声明段用 Option Base n 语句设定数组的默认下界，*n* 的取值只能是 0 或 1。

[As 数据类型]是指数组元素类型，如果省略则默认为变体型（Variant）。

数组说明语句不仅定义了数组，分配了存储空间，而且还将数组初始化。

例 6-1 数组示例。声明数组 *a*，输出数组中的元素，参考代码如下。

```
Private Sub Form_click()
  Dim a(3) As Integer
  Print a(0);a(1);a(2);a(3)
End Sub
```

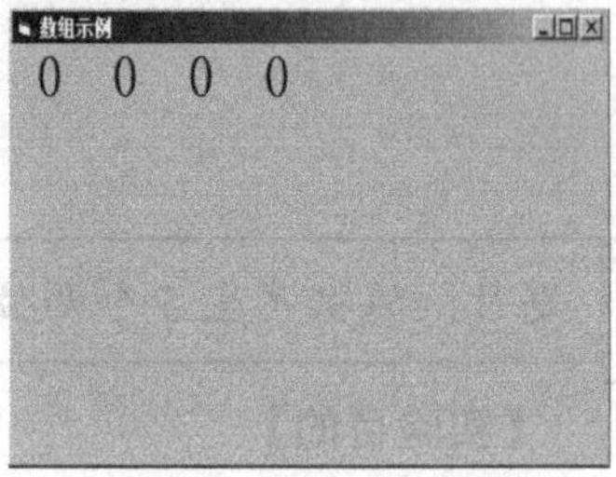

图 6-1 例 6-1 运行结果

程序运行后显示结果如图 6-1 所示。

数组 *a* 的元素类型为整型，则其数组元素的初始值为 0。

2．数组的基本操作

（1）数组元素的赋值。

常用的数组元素赋值方式有 4 种。

方式一：用赋值语句给数组元素赋值。通常用赋值语句给单个数组元素赋值。

方式二：利用循环语句对数组元素赋值。通常在程序中可利用变量作为下标来实现对数组元素的赋值。

方式三：用 inputbox 函数给数组元素赋值。通常 inputbox 函数适合在输入个别数据时使用。

例 6-2 利用 inputbox 函数让用户从键盘输入值赋给数组 *B* 中的 6 个元素。参考代码如下。

```
Private Sub Form_Click()
   Dim B(5) As Integer, I As Integer
      For I = 0 To 5
      B(I) = InputBox("给数组元素赋值", "数组 B 赋值")
         Print "B(" & CStr(I) & ")的值是:" & B(I)
      Next I
End sub
```

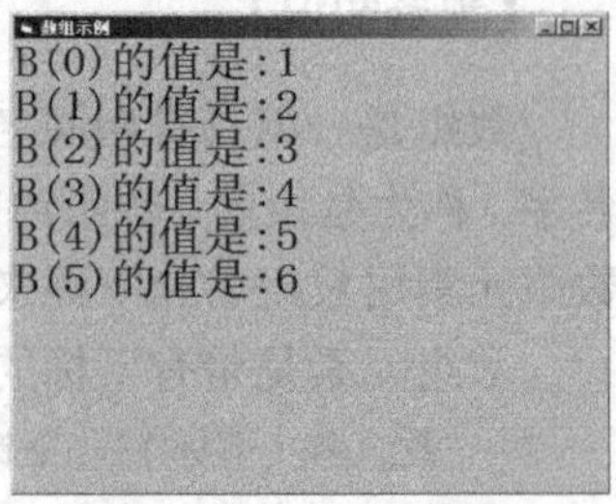

图 6-2 例 6-2 运行结果

程序运行后显示结果如图 6-2 所示。

其中利用 CStr(I)函数实现将 I 转换成字符串型。

方式 4：通过文本框给数组元素赋值。利用文本框可实现多个元素赋值。

（2）数组元素的输出。

数组元素的输出可以使用 For 循环和 Print 语句来实现。可将输出内容显示到窗体、图片框、文本框和立即窗口。

在例 6-2 中，将 Print 语句换成 Dubug.Print "B(" & CStr(I) & ")的值：" & B(I)，可将输出

结果在立即窗口中显示出来。

（3）数组元素的引用。

引用数组中的元素的格式如下。

数组名（下标，…）

其中，下标的个数必须与数组定义时的维数一致，而且对数组元素的引用必须在各维的上下界之内，否则就会产生“下标越界”的错误。

（4）其他操作。

数组的相关操作还有很多，如求数组和、最值、位置，交换元素，数组排序等。其中，排序是将组数元素按递增或递减的次序排列，如按成绩、球赛积分等排序。排序的算法有许多，常用的有选择法、冒泡法、插入法、合并排序法等。

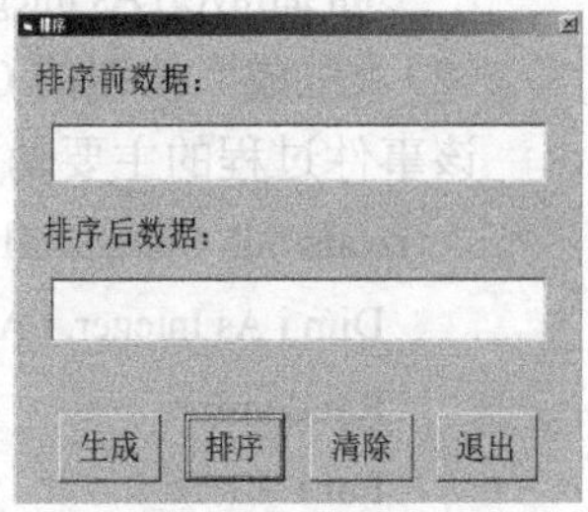

图 6-3 “排序”程序界面

【实验步骤】

“排序”程序初始界面如图 6-3 所示。

步骤如下。

1．创建界面

启动 VB，新建窗体 Form1，参考图 6-3 向 Form1 窗体添加两个标签、两个文本框和 4 个命令按钮控件。

2．设置对象属性

控件属性设置如表 6-1 所示。

表 6-1　“排序”窗体及控件的属性设置

控　件	属　性	设 置 值	控　件	属　性	设 置 值
Form	Name Caption Maxbutton MinButton	Form1 排序 False False	CommandButton	Name Caption	Command1 生成
TextBox	Name Text Locked	Text1 空白 True	CommandButton	Name Caption	Command2 排序
TextBox	Name Text Locked	Text2 空白 True	CommandButton	Name Caption	Command3 清除
Label	Name Caption	Label1 排序前数据	CommandButton	Name Caption Cancel	Command4 退出 True
Label	Name Caption	Label2 排序后数据			

3．编写程序代码

程序的运行方式：执行程序，单击“生成”按钮时，随机生成 5 个两位整数存入一维数组，并输出到 Text1 中；单击“排序”按钮时，将这 5 个数从小到大排序，排序后的数据输出到 Text2 中；单击“清除”按钮，清除文本框内容；单击“退出”按钮，结束程序运行。

本程序代码主要包括通用声明部分和 4 个事件过程。

（1）声明模块级变量。

当用户单击“生成”按钮时，系统自动生成两位随机整数作为数组元素，在生成数组及排序时都要用到这个数组，因此声明一个模块级数组变量 iarray()来保存产生的随机数。参考代码如下。

```
Option Explicit
Option Base 1
Dim iarray(5) As Integer
```

（2）“生成”按钮的 Click 过程设计。

该事件过程的主要功能是生成数组中的元素。参考代码如下。

```
rivate Sub Command1_Click()
 Dim i As Integer, j As Integer
 Randomize                                      ' 随机函数初始化
 For i = 1 To 5
   iarray(i) = Int(Rnd * (100 - 10)) + 10       ' 随机生成两位正整数
   Text1 = Text1 & Str(iarray(i))
 Next i
End Sub
```

（3）“排序”按钮的 Click 过程设计。

利用选择法将数据按从小到大的顺序排序，并将排序后的结果输出。

参考代码如下。

```
rivate Sub Command2_Click()
 Dim i As Integer, j As Integer, temp As Integer
 For i = 1 To 4                                 ' 控制排序趟数
   For j = i + 1 To 5                           ' 控制排序过程中的下标变量
     If iarray(i) > iarray(j) Then
       temp = iarray(i): iarray(i) = iarray(j): iarray(j) = temp   ' 元素交换
     End If
   Next j
   Text2 = Text2 & Str(iarray(i))
 Next i
 Text2 = Text2 & Str(iarray(i))
End Sub
```

（4）“清除”按钮的 Click 过程设计。

参考代码如下。

```
Private Sub Command3_Click()
  Text1.Text = ""
  Text2.Text = ""
```

```
        Text1.SetFocus
    End Sub
```

（5）“退出”按钮的 Click 过程。

```
    Private Sub Command4_Click()
      Unload Me
    End Sub
```

4．程序运行和调试

（1）按 F5 键运行程序，检查窗口是否有最大（小）化按钮。

（2）检查程序窗口中文本框与命令按钮是否可用，检查文本框是否可以输入。

（3）重新运行程序，检查排序前的数据与上一次是否有变化。

（4）在 Command1_Click 过程中 Text1= Text1& Str(sort(i))处设置断点，单步调试程序，观察数组元素的值及文本框中内容的变化。

（5）在过程 Command2_Click()中的第一个 Text2= Text2& Str(sort(i))语句处设置断点，按 F5 键运行，当运行至断点处，预测文本框中显示的内容，程序挂起，并改为单步调试，观察数组元素值的变化。当执行到第二个 Text2= Text2& Str(sort(i))时，观察文本框中的内容。

（6）单击“清除”按钮，检查文本框的内容是否清空，检查焦点是否在 Text1 中。

（7）单击“退出”按钮，检查程序是否会退出。检查按 Esc 键时程序是否退出。

5．程序改进

（1）修改程序，实现将数据按从大到小的顺序排列。在过程 Command1_Click()中，将 sort(i) > sort(j) 替换为 sort(i) <sort(j) 即可。

（2）用冒泡排序法实现该程序。

冒泡排序的思想是从第一个元素开始，将数组中相邻元素两两比较，值较小的元素放在前面，值较大的元素放在后面，一轮比较完毕，一个最大的数沉底成为数组中的最后一个元素。一个较小的数如同气泡一样上浮一个位置。*n* 个数，经过 *n*-1 轮比较后完成排序。

6．保存文件

单击“保存”按钮，将窗体文件保存为 Frm_6_1.frm，将工程文件保存为 Prj_6_1.vbp。

【知识拓展与思考】

1．编写一个统计不同分数段得分人数的程序。设学生人数为 10 人，学生成绩用 Inputbox 函数输入。

分析与解答：可声明一个数组存放学生分数，再利用循环和多分支选择语句判断分数区间，进行人数统计。

2．在上题的基础上（随机产生 5 个两位正整数，用选择法对其按从小到大的顺序排列）完成：在已经排好序的数组中插入一个数 *m*（键盘输入）后输出，保持数组的降序排列。

分析与解答：首先查找待插入数据在数组中的位置 *k*；然后从最后一个元素开始往前直到下标为 *k* 的元素依次往后移动一个位置；第 *k* 个元素的位置腾出，将数据插入。

实验二　动态数组与控件数组

题目：利用控件数组，实现计算器。程序能实现四则运算，并具有清除结果和退出的功能。

【实验目的】

（1）掌握动态数组的定义和使用方法。

（2）掌握控件数组的产生和编程方法。

（3）掌握数组函数的使用。

【实验内容】

（1）掌握静态数组和动态数组的使用区别。

（2）掌握运用控件数组编程的方法。

（3）数组函数。

【预备知识】

在实际编程中，往往数组的大小不确定，此时用静态数组就很难解决。为了解决上述问题，在 VB 中可以根据需要动态地分配内存空间来构建动态数组。动态数组的大小可以随程序的需要而重新指定。

1．动态数组

（1）建立动态数组。

通常建立动态数组可分为两步。

第一步：定义不指明维界的数组。

格式：Dim|Private| Public| static　数组名（　）　[As 数据类型]

第二步：用 Redim 语句指明该数组的大小。

格式：Redim　[preserve]　数组名（ 下标 1 [，下标 2 …])

例如，将动态数组 *a* 定义为具有 4 个整型元素的一维数组，其代码如下。

```
option base 1
Dim a() As Integer
n = 4
ReDim a(n)
```

在过程中可以多次使用 ReDim 语句来改变数组的大小，但不能改变数组的维数和类型。并且每次执行 ReDim 语句时，当前存储在数组中的值都会全部丢失。在希望改变数组大小又不丢失数组中的数据时，就需要使用带有关键字 preserve 的 ReDim 语句。[preserve]是指在对数组重新说明时，会保留数组中原来的数据。但该参数只能改变最后一维上界的大小。所以可以这样编程：

```
Dim　att()　as　Integer
```

```
redim att(2, 2)
redim preserve att(2, 3)
```

而不可以这样编程：

```
Dim att( ) as Integer
redim att(2, 2)
redim preserve att(3 , 2)
```

（2）相关数组函数。

在不知道数组大小的情况下可以用 Ubound 函数求出数组的上界，用 Lbound 函数求出数组的下界，并据此确定数组的大小。格式为：

Ubound（数组名[，维数]）

Lbound（数组名[，维数]）

2．动态数组和静态数组的区别

通常，把需要在编译时开辟内存的数组叫静态数组。把需要在运行时开辟内存的数组叫做动态数组。当程序没有运行时，动态数组不占内存。

另外，从定义方式上来说，用数值常数或符号常量作为下标定维的数组是静态数组。而用变量作为下标定维的数组是动态数组。

注意

Dim 是说明语句，可出现在程序的任何地方；ReDim 是执行语句，只能出现在过程中。

3．控件数组

控件数组由一组具有名称和相同类型的控件组成，数组中的每个控件共享同样的事件过程。当建立控件数组时，系统给每个元素赋一个唯一的索引号（Index），通过属性窗口的 Index 属性，可以知道该控件的下标，第 1 个控件的下标是 0。

（1）控件数组的创建。

常用的创建控件数组的方法有两种。

第一种：创建同名控件，直接修改控件名和 Index 属性。

第二种：复制现存控件，对控件执行 Copy 和 Paste 操作。

（2）控件数组的使用。

在设计中，引用控件数组元素的一般格式如下。

控件数组名（下标）

其中，控件数组名可由该控件的 Name 属性确定，而控件的下标可由该控件的 Index 属性确定。

建立好控件数组后，往往需要编写控件的事件过程。控件数组中的控件共享同一个事件过程，为了区分是哪个控件触发的事件，VB 会把它的下标值传送给事件过程，事件过程通过 Index 参数接收，并判断。

例如，下面的事件过程就为一个命令按钮控件数组的 3 个元素设置了不同的输出内容，参考代码如下。

```
Private Sub Command1_Click (Index As Integer)
  If Index = 0 Then
```

```
        Print "单击第一个命令按钮"
    ElseIf Index = 1 Then
        Print "单击第二个命令按钮"
    Else
        Print "单击第三个命令按钮"
    End If
End Sub
```

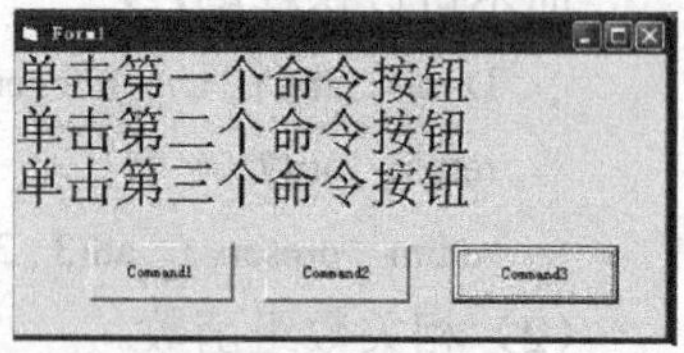

图 6-4 控件数组示例

程序运行结果如图 6-4 所示。

在程序运行时，可用 Load 和 Unload 语句实现控件数组中控件的删除和添加。

向控件数组中添加控件的格式如下。

Load　控件数组名（索引）

删除用 Load 语句添加的控件的格式如下。

Unload　控件数组名（索引）

控件数组主要应用于具有多个同类型控件的应用程序。在实际设计中，常常利用 If 条件分支语句和 Select 多分支结构语句编码实现。

【实验步骤】

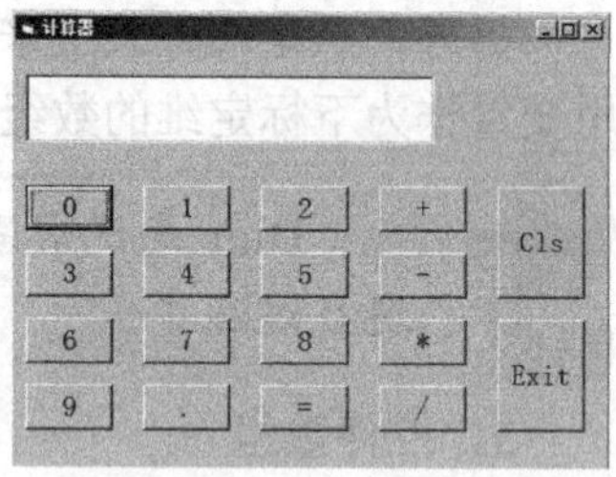

图 6-5 “计算器”程序界面

“计算器”程序界面如图 6-5 所示。

步骤如下。

1．创建界面

启动 VB，新建窗体 Form1，参考图 6-5 向 Form1 窗体中添加包含一个文本框、两个命令按钮和其控件数组。其中，操作数和操作符都分别使用了控件数组。

2．设计对象属性

控件属性设置如表 6-2 所示。

表 6-2　“计算器”窗体及控件的属性设置

控　件	属　性	设置值	控　件	属　性	设置值
Form	Name Caption	Form1 计算器	CommandButton	Name Caption Index	Command2 +、-、*、/、= 0-4
TextBox	Name Text	Text1 空白	CommandButton	Name Caption	Command3 Cls
CommandButton	Name Caption Index	Command1 0-9、. 0-9	CommandButton	Name Caption	Command4 Exit

3．编写程序代码

程序的运行方式：输入一个操作数到 Text1 中，选择运算符号，同时 Text1 中的内容清空；接着再输入另一个操作数，单击“=”，进行计算，结果显示在 Text1 中；单击“Cls”按钮，清除 Text1 中内容；单击“Exit”按钮，结束程序运行。

本程序代码主要包括通用声明部分和 4 个事件过程。

（1）通用声明。

本程序主要是实现两个操作数的四则运算，需要两个变量作为操作数，另外一个变量作为运算符号。因此设置两个模块级变量 *x*、*y* 保存操作数，一个模块级变量 op 保存运算符。在通用段输入如下声明语句。

```
Dim x As Single, y As Single
Dim op As String
```

（2）Command1 的 Click 过程设计。

该事件过程的主要功能是将用户输入的操作数显示在文本框中。参考代码如下。

```
Private Sub Command1_Click(Index As Integer)
  Select Case Index
    Case 0 To 10                ' 输入操作数
      Text1.Text = Text1 & Command1(Index).Caption
  End Select
End Sub
```

（3）Command2 的 Click 过程设计。

该事件过程的主要功能是获取操作数，并根据运算符进行计算，然后将运算结果显示在文本框中。参考代码如下。

```
Private Sub Command2_Click(Index As Integer)
Select Case Index
Case 0 To 3                                    ' 获取第一个操作数，并进行运算符的判断
  x = Val(Text1.Text)
  If Index = 0 Then op = "+"
  If Index = 1 Then op = "-"
  If Index = 2 Then op = "*"
  If Index = 3 Then op = "/"
  Text1.Text = ""                              ' 文本框清空
Case 4                                         ' 获取第二个操作数，并根据运算符进行计算
  y = Val(Text1.Text)
  Text1 = ""                                   ' 文本框清空
  If op = "+" Then Text1 = x + y               ' 加法运算
  If op = "-" Then Text1 = x - y               ' 减法运算
  If op = "*" Then Text1 = x * y               ' 乘法运算
  If op = "/" Then                             ' 除法运算
    If y <> 0 Then                             ' 判断除数是否为 0
      Text1 = x / y
    Else
      Text1 = "除数不能为零"
```

```
      End If
    End If
  End Select
End Sub
```

（4）“Cls”按钮的 Click 事件过程设计。

```
Private Sub Command3_Click()
  Text1 = ""
  Text1.SetFocus
End Sub
```

（5）“Exit”按钮的 Click 事件过程设计。

```
Private Sub Command4_Click()
  End
End Sub
```

4．程序运行和调试

（1）按 F5 键运行程序，检查程序窗口中文本框与命令按钮是否可用。

（2）检查程序中小数是否可以在文本框中显示。

（3）单击“运行”按钮，输入几组数据，检查程序运行结果是否正确。

（4）在 Command2_Click 过程中将第一个 Text1.Text = "" 语句去掉可以吗？如果没有这个语句，程序会是什么效果？

（5）在 Command2_Click 过程中的 y = Val(Text1.Text)处设置断点，按 F5 键运行，输入“3/5=”，当运行至断点处，预测程序运行过程及运算结果。程序挂起，改为单步调试，观察文本框中内容的变化。

（6）单击“清除”按钮，观察文本框内容的变化及焦点位置。

（7）单击“退出”按钮或按 Esc 键，程序能否退出？

5．程序改进

（1）如何在程序中限制只能输入一个小数点？

需要用到一个 If 分支语句并结合字符函数获取字符判断是否已经输入了一个小数点。If 分支选择语句的功能是如果当前文本框中没有字符“.”，则显示小数点；否则不显示。语句如下。

```
Case 10
  If InStr(Text1, ".") = 0 Then
    Text1.Text = Text1 & Command1(Index).Caption
  ElseIf Right(Text1, 1) = "." Then
    Text1.Text = Text1 & ""
  End If
```

其中：

```
InStr(Text1, ".") = 0
```

是判断文本框中是否有字符“.”。

```
Right(Text1, 1) = "."
```

是判断文本框中右边位置起的第一个字符是否是“.”。

（2）如果要对四则运算的结果保留 2 位小数，如何实现？

对 p 保留 2 位小数的表达式如下。

```
Int((p)*100+0.5)/100
```

6．保存文件

单击“保存”按钮，将窗体文件保存为 Frm_6_2.frm，将工程文件保存为 Prj_6_2.vbp。

【拓展与思考】

1．编写程序，将数组 *a*、*b* 中的元素合并到数组 *c* 中。

分析与解答：在数组合并时，*c* 的上界可以用 Ubond(a)+Ubound(b)求出。

2．在上题中如何实现求操作数的负数。（例如，操作数是 3，求负数之后，输出-3）

分析与解答：对 *x* 求负数，可以利用字符串连接符“&”来实现。只需将“-”与字符串型的 *x* 连接即可。

实验三 综合实验二

题目：求一个 $n\times n$ 的矩阵 *a* 的转置矩阵，*n* 从键盘输入。

【实验目的】

（1）掌握一维数组和多维数组（特别是二维数组）的区别和联系。

（2）掌握并灵活运用数组的常用算法。

【实验内容】

（1）二维数组的使用。

（2）数组常用算法。

【预备知识】

1．二维数组

（1）二维数组的定义。

格式：

```
Dim|Private| Public| static    数组名 ([维界定义])  [As 数组类型]
```

说明：此时的维界定义是对二维下标的定义。每一维的大小为：上界－下界＋1；数组的大小为每一维大小的乘积。

例如：

```
Dim Arr（4，4）As Integer    ' 声明 Arr 是 5 行 5 列的二维整型数组，共 25 个元素
```

（2）二维数组的基本操作。

二维数组的基本操作有二维数组元素的输入、求最大元素及其所在的行和列、矩阵转置等。在实际使用中，二维数组经常与循环嵌套语句结合使用，用外、内层循环变量分别作为

第一维和第二维的下标，即可实现对二维数组元素的访问。二维数组元素的赋值和输出的参考代码如下。

```
Dim a(3,4) As Integer,   I As Integer ,J As Integer
For I=1 To 3                          ' 外层循环控制数组第一维下标变化
  For J=1 To 4                        ' 内层循环控制数组第二维下标变化
A(I,J)=Int(100*rnd)+1                 ' 数组元素赋值
    Print A(I,J);                     ' 数组元素输出
  Next J
  Print
Next I
```

（3）一维数组和二维数组的区别。

二者的主要区别如下。

➢ 从结构角度：一维数组只能表示线性顺序，相当于一张一维表。二维数组的表示形式是由行和列组成的一张二维表，二维数组的元素需用两个下标来标识。通常可用二维数组表示数学中的矩阵。

➢ 从内存角度：一维数组在内在中所有元素按下标序号升序排列，二维数组在内存中按列存放。

2．数组常用算法

对数组的操作有很多，常用的算法有以下几种。

（1）求数组元素的和、最值、位置。

➢ 求元素和：可通过循环将每个元素进行累加。

➢ 求数组中的最小元素：可假设第一个元素为最小，然后将该元素与其他元素逐一比较，若发现有元素小于最小值，就用其值替换最小值，并记录其下标值。

➢ 求最大值的方法与求最小值相似。

（2）插入元素、删除元素、交换元素。

➢ 插入元素：首先查找待插入元素在数组中的位置 *k*；然后从最后一个元素开始往前数，直到下标为 *k* 的元素，依次往后移动一个位置；第 *k* 个元素的位置腾出，将数据插入。

➢ 删除元素：删除操作首先也是要找到欲删除元素的位置 *k*；然后从 *k*+1 到 *n* 位置开始向前移动；最后将数组元素下标值减 1。

➢ 交换元素：可借助中间变量 *t* 实现两元素交换。

设 a[x]与 a[y]交换，可用 t=a[x]:a[x]=a[y]:a[y]=t 语句实现

（3）排序。

常用的排序算法有选择法和冒泡法。

➢ 选择法：每次将最小（最大）的数找出来放在数组的最前面。

➢ 冒泡法：比较相邻的两个元素，将大（小）数交换到后面。

（4）查找。

常用的查找算法有顺序查找法和二分查找法。

➢ 顺序查找法：从数组中第一个元素开始，每次用一个数组元素的值与要查找的数进行比较。
➢ 二分查找法：每次将查找范围缩小一半，直到找到或没有找到要查找的数据为止。

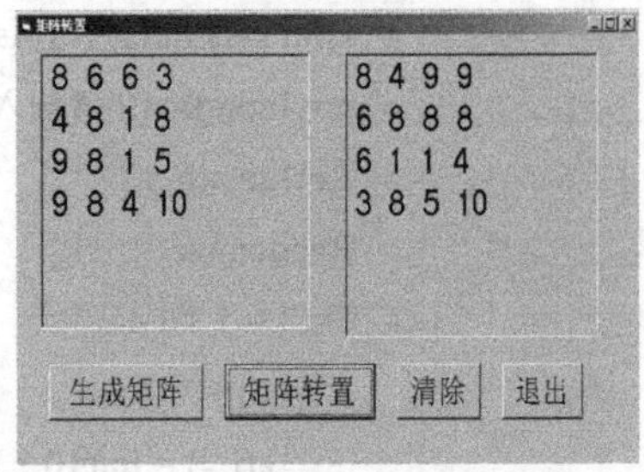

图 6-6 “矩阵转置”程序运行界面

【实验步骤】

“矩阵转置”程序运行界面如图 6-6 所示。程序运行后单击“生成矩阵”按钮，提示用户输入行数；然后根据用户所输入的内容，在图片框 Pic1 中显示矩阵；单击“矩阵转置”按钮，在图片框 Pic2 中显示转置后的矩阵；单击“清除”按钮，图片框 Pic1 和图片框 Pic2 中的内容清空；单击“退出”按钮，结束程序。

1．创建界面

参考图 6-6，添加两个图片框和 4 个命令按钮。

2．设计对象属性

属性设置如表 6-3 所示。

表 6-3　“矩阵转置”窗体及控件的属性设置

控　件	属　性	设 置 值	控　件	属　性	设 置 值
Form	Name Caption	Form1 矩阵转置	CommandButton	Name Caption Default	Command1 生成矩阵 True
Picturebox	Name Caption Font、字体大小	Pic1 空白 24	CommandButton	Name Caption	Command2 矩阵转置
Picturebox	Name Caption Font、字体大小	Pic2 空白 24	CommandButton	Name Caption	Command3 清除
			CommandButton	Name Caption Cancel	Command4 退出 True

3．编写程序代码

本程序代码主要由 4 个事件过程组成。

（1）通用声明部分。

当用户输入行数 *n* 生成 *n* 行 *n* 列的矩阵时，需要在图片框中将该矩阵输出显示，并且在矩阵转置时也要用到该矩阵，因此声明模块级变量 *n* 和 *a*()，用于保存矩阵的大小以及系统产生的矩阵中的数据。在通用段输入如下声明语句。

```
Dim a() As Integer, n As Integer
```

（2）Command1 按钮的 Click 过程设计。

该事件过程的主要功能是根据用户输入的行数，生成矩阵。矩阵中数据是根据随机函数生成的 1～10 的整数。参考代码如下。

```
Private Sub Command1_Click()
```

```
    Dim i As Integer, j As Integer
    n = InputBox("请输入行数:")
    ReDim a(n, n)
    Randomize                          ' 随机数函数初始化
    For i = 1 To n
      For j = 1 To n
        a(i, j) = Int(10 * Rnd) + 1    ' 生成 1～10 的随机整数
        Pic1.Print a(i, j);
      Next j
      Pic1.Print                       ' 图片框换行
    Next i
  End Sub
```

（3）Command2 按钮的 Click 过程的设计。

该事件过程的主要功能是将转置后的矩阵输出在图片框中。参考代码如下。

```
Private Sub Command2_Click()
  Dim i As Integer, j As Integer, t As Integer
  For i = 1 To n                                ' 双层循环实现转置
    For j = i + 1 To n
      t = a(i, j)： a(i, j) = a(j, i)： a(j, i) = t   ' 交换元素
    Next j
  Next i
  For i = 1 To n                                ' 双层循环输出转置后的矩阵
    For j = 1 To n
      Pic2.Print a(i, j);
    Next j
    Pic2.Print
  Next i
End Sub
```

（4）Command3 按钮的 Click 过程设计。

该事件过程的主要功能是将图片框中的内容清空。参考代码如下。

```
Private Sub Command3_Click()
  Pic1.Cls           ' 图片框内容清空
  Pic2.Cls
End Sub
```

（5）Command4 按钮的 Click 过程设计。

该事件过程的主要功能是退出程序。参考代码如下。

```
Private Sub Command4_Click()
  End
End Sub
```

4．程序运行和调试

（1）按F5键运行程序，检查命令按钮是否可用，检查图片框中是否有内容。

（2）单击“生成”和“排序”按钮，检查程序运行结果。

（3）关闭程序并重新运行，输入相同的行数，检查图片框中生成矩阵的数据是否有变化。再将Command1_Click()过程中的语句Randomize删除，运行程序两次，检查图片框中生成矩阵的数据是否有变化。

（4）在Command2_Click()过程中的第一个For j = i + 1 To n语句中，*j*的初值设为*i*可以吗？如果*j*的初值设为*i*，那么终值又是什么？

（5）在Command2_Click()过程中的语句Pic2.Print a(i, j); 处设置断点，当运行到断点处时，单步调试，检查转置后矩阵中元素的值是否与预期相符。

（6）重新运行程序，按Enter键，程序能正常运行吗？

（7）单击“退出”按钮，检查程序是否会退出。检查按Esc键时程序是否退出。

5．程序改进

（1）当用户通过键盘输入行数后，如果希望直接通过键盘输入矩阵中元素的值，将Command1_Click()过程中的语句a(i, j) = Int(10 * Rnd) + 1 修改为a(i,j)=Inputbox("请输入矩阵第("& i &","& j ")元素","输入矩阵元素")，即可实现。

（2）求二维数组中每行（列）的和。

方法与求一维数组中所有元素的和类似，结合循环嵌套语句，参考代码如下。

```
For i=1 to m
    For j=1 to n
        sum=sum+a(i,j)
    Next j
    Print sum
Next i
```

求每列元素的和与本例类似。

6．保存文件

单击“保存”按钮，将窗体文件保存为Frm_6_3.frm，将工程文件保存为Prj_6_3.vbp。

【拓展与思考】

1．试按下面要求改写程序

在本实验的基础上，求每行的最大元素并输出。

分析与解答 ：方法与一维数组中求最大元素类似。只需先假设每行第一个元素为最大，然后将该数与其他元素逐一比较，若发现有元素大于最大值，就用其值替换最大值。

2．统计字母（不分大小写）在文本中出现的次数。

分析与解答：先定义一个模块级数组str(0 to 25)，数组下标范围对应相应字母a～z（不分大小写），可用数组元素的值表示字母出现的次数，如str(0)表示字母a出现的次数。然后，逐次取出文本中的一个字母，如果该字母界于a～z，则将该字母的ASCII码值减去97（a的ASCII码值）；如果该字母界于A～Z，则将该字母的ASCII码值减去65（A的ASCII码值），从而得到该字母对应的数组元素的下标。最后，将对应数组元素值加1。

【习题】

一、选择题

1．以下属于 VB 合法的数组元素的是（　　）。

A．A8　　B．A[8]　　C．A(0)　　D．A{6}

2．以下有关数组的说法中，不正确的是（　　）。

A．在窗体模块中不可以定义全局数组

B．可以使用 Erase 语句释放所有占据的存储空间

C．数组必须先定义后使用

D．定义数组时，数组维界值可以不是整数

3．如下程序运行后的输出结果是（　　）。

```
Option Base 1
Private Sub Command1_click()
  Dim aj(1 to 10)as integer
  For j=6 to 10
    aj(j)=j*2
  Next j
  Print aj(1)+aj(j)
End Sub
```

A．5　　B．20　　C．22　　D．显示出错信息

4．有关控件数组的说法中错误的是（　　）。

A．控件数组由一组具有相同名称和相同类型的控件组成

B．控件数组中的每一个控件共享同样的事件过程

C．控件数组中的每个元素的下标由控件的 Index 属性指定

D．同一控件数组中的元素只能有相同的属性设置值

5．在窗体的通用声明处有语句 Dim a() as single，以下在某事件过程中重定义此数组的语句正确的是（　　）。

A．ReDim a(3,3)
　　ReDim a(4,4) as Integer

B．ReDim a(3,3)
　　ReDim Preserve a(4,4)

C．ReDim a(3,3)
　　ReDim a(4,4) as Integer

D．ReDim a(3,3)
　　ReDim Preserve a(3,4)

二、填空题

1．根据数组占用内存方式的不同，可以将数组分为____________和____________两种类型。

2．声明数组时，其下界可以省略，当省略下界时，其默认下界为____________。

3．全局变量是指在____________________都有效的变量。

4．二维数组中的元素在内存中是按__________存储的。

5．Dim A(2,3) as double 声明一个二维双精度实型数组 A，共有___________个元素。

三、编程题

1．将 n（n<100）个随机整数存入数组 iarray 中，搜索数组中是否存在数 x。

2．编写一个程序，统计用户用键盘输入 1～10 的数字的个数，当输入的数值不在此范围内时结束输入，输出统计结果。

3．输入两个矩阵 a 和 b，将这两个矩阵相应元素相加并输出结果。

第7章　过程的使用

实验一　Sub 过程

题目：编写交换两数的过程。

【实验目的】

（1）掌握通用 Sub 过程的定义和调用方法。

（2）掌握参数传递的方式并能灵活使用。

【实验内容】

（1）Sub 过程的定义及调用。

（2）byVal 与 byRef 参数的使用。

（3）分析参数传递的过程及其意义。

【预备知识】

在 VB 中，一个应用程序就是一个工程，它包括类模块（.cls）、窗体模块（.frm）和标准模块（.bas）等。类模块包含了类定义；窗体模块由若干事件过程和其他功能单元组成，即子过程（Sub 过程）和函数（Function 过程）；标准模块由子过程（Sub 过程）和函数（Function 过程）组成。事件过程、子过程和函数统称为过程。

通常一个较大的程序被分为若干相对独立的过程，每个过程可实现单一的功能。由于多个不同的事件过程有时可能需要使用一段相同的程序代码，因此可以把这段程序代码独立出来，作为一个公共过程供其他过程调用，公共过程也称通用过程或自定义过程。

1．Sub 过程

Sub 过程以 Sub 语句开头，以 End Sub 结束。Sub 过程有事件过程和通用过程两种形式，它们的语法格式有差异。

（1）事件过程。

事件过程的语法格式如下。

```
Private Sub <对象名>_<事件名>([形参表])
    [<语句组>]
```

```
        [Exit Sub]    ⎫ 事件处理程序
    [<语句组>]        ⎬
End Sub               ⎭
```

在 VB 中，事件过程大多是由系统预先定义好的，用户只需要编写相应的事件处理程序。一个对象的某个事件被触发时，系统自动调用该对象的事件过程进行处理。除了系统自动调用外，事件过程还可以被其他过程调用。

（2）通用 Sub 过程。

通用 Sub 过程的语法格式如下。

```
[Public |Private] Sub <过程名> ([形参表])
    [<语句组>]
    [Exit Sub]
     [<语句组>]
End Sub
```

Public|Private 选项说明过程的作用域。Public 为前缀说明 Sub 过程是公有过程，在应用程序的任何模块中都可调用它。Private 为前缀说明 Sub 过程是私有过程，只能被本模块的事件过程或其他过程调用。若缺省 Public|Private 选项，则系统默认为 Public。

（3）过程调用方式。

过程调用方式有两种。

方式一：使用 Call 语句，格式为：

Call 过程名（实参表）

方式二：把过程名作为一个语句使用，格式为：

过程名　实参表

2．参数传递

在一定的条件下，为了完成某一工作或计算某一数值，可以调用过程。虽然主调过程和被调过程间数据的来回传递由参数实现，但还要注意数据的调用方式，有关参数传递的基本概念如下。

- 参数传递：在调用过程时给出过程的实际参数。当已定义的过程带有参数时，调用语句也应带有参数。
- 形参：过程定义中给出的参数。
- 实参或自变量：调用语句中给出的参数。实参的个数与形参的个数相同，实参的类型与排列次序必须与形参一致。
- 参数传递方式：分为传值方式和传地址方式两种。

（1）传值方式。

在过程定义的形参列表中，某形参变量前加上 byVal 关键字，则该变量使用传值方式。当调用带有传值参数的过程时，系统要先为形参分配新的存储空间，然后把实参的值赋给对应的形参，在被调过程中形参被作为局部变量参与过程中的运算。

在传值方式的过程结束后，形参的存储空间被释放，而在过程调用前后的实参的值保持不变。

（2）传址方式。

在过程定义的形参列表中，某形参变量前加上 byRef 关键字或不加任何关键字，则该变量使用传址方式。当调用带有传址参数的过程时，系统不为形参开辟存储空间，形参可以直接使用实参的地址和数值。

VB 默认的参数传递方式是传址（byRef），其含义是在调用过程时，如果被调过程中的形参的值改变了，则对应的主调过程的实参的值也将随之发生变化。

例 7-1 参数传递示例。在标准模块中编写如下程序。

```
Sub main()
    Dim x As Integer
     x = 10
    Debug.Print "过程调用前的 x="; x
    Call test(x)
    Debug.Print "过程调用后的 x="; x

End Sub
Private Sub test(n As Integer)     //byVal n as integer
    n = n + 1
End Sub
```

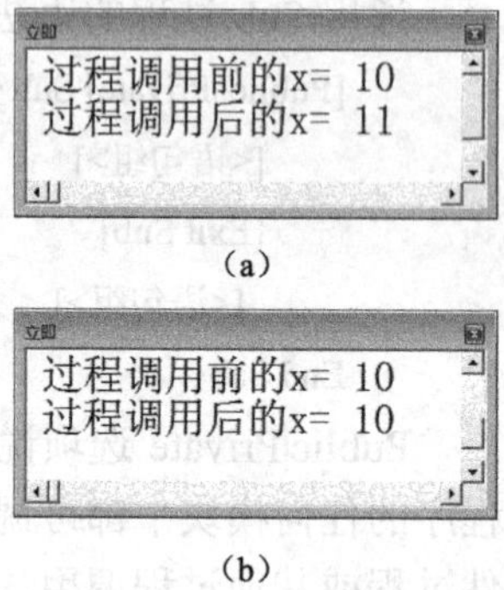

图 7-1 例 7-1 运行结果

程序运行后在立即窗口中的显示结果如图 7-1（a）所示。

若在形参变量前加上 byVal 关键字，运行结果如图 7-1（b）所示。

3．过程模板

VB 的过程模板包括 Sub 语句和 End Sub 语句，其中 Sub 语句为过程头。

编写过程模板的步骤如下。

（1）打开代码编辑器，显示当前对象缺省事件过程。

（2）在“对象”下拉列表框中，选择“通用”列表项，即选择可编写存放在当前模块中的通用过程。

（3）在“对象”下拉列表框中，选择要编写事件过程的对象，如窗体和按钮。

（4）在“事件”下拉列表框中选择需要编写的事件，即可在光标处编写事件处理程序。

【实验步骤】

“两数交换”过程运行结果如图 7-2 所示。在两个文本框中输入不同的数，单击“交换”按钮时，交换两个文本框的值；单击“清除”按钮时将两个文本框内容清空。

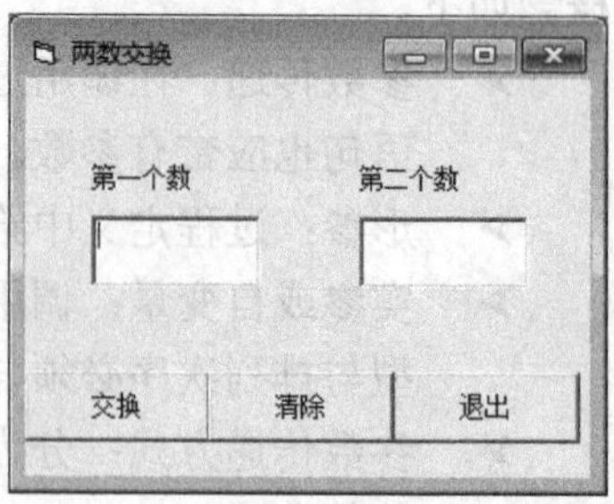

图 7-2 两数交换

步骤如下。

1．创建界面

启动 VB，新建窗体 Form1，参考图 7-2 向 Form1 窗体添加两个标签、两个文本框和 3 个命令按钮控件。

2．设置对象属性

控件属性设置如表 7-1 所示。

表 7-1　　“两数交换”窗体及控件的属性设置

控　件	属　性	设 置 值	控　件	属　性	设 置 值
Form	Name Caption	Form1 两数交换	TextBox	Name Text	Text2 空白
Label	Name Caption	Label1 第一个数	CommandButton	Name Caption Default	Command1 交换 True
Label	Name Caption	Label2 第二个数	CommandButton	Name Caption Cancel	Command2 退出 True
TextBox	Name Text	Text1 空白	CommandButton	Name Caption	Command3 清除

3．编写程序代码

本程序代码部分的编写可分成两步。首先设计交换两数的通用过程，然后设计调用该过程的主调过程及其他辅助的事件过程。

（1）通用过程的设计。

首先要确定本过程的形参。因为需要从主调过程得到两个数，所以需要两个形参；其次确定传递方式，主调过程期望得到交换结果，即形参交换了，实参的值也要能交换，因此使用传地址方式；参数的类型没有特别要求，从程序实现上看，需要同类型的数，因此都定义为整型。通用过程参考代码如下。

```
Private Sub swap(x As Integer, y As Integer)
 Dim a As Integer
 a = x
 x = y
 y = a
End Sub
```

（2）事件过程的设计。

①“交换”按钮的 Click 过程。

主调过程主要包括数据输入、过程调用、输出三大模块。单击“交换”按钮时，实现两数的交换，因此“交换”按钮的单击事件过程为主调过程。参考代码如下。

```
Private Sub Command1_Click()
  Dim m As Integer, n As Integer
  m = Val(Text1.Text)
  n = Val(Text2.Text)
  Call swap(m, n)
  Text1.Text = Str(m)
  Text2.Text = Str(n)
End Sub
```

②“清除”按钮事件过程如下。

```
Private Sub Command3_Click()
    Text1.Text = ""
    Text2.Text = ""
    Text1.SetFocus
End Sub
```

③“退出”按钮事件过程如下。

```
Private Sub Command2_Click()
    Unload Me
End Sub
```

4．程序运行和调试

（1）按 F5 键运行程序，检查程序窗口中文本框与命令按钮是否可用。

（2）向两个文本框中分别输入数 10、20，单击“交换”按钮，检查两个文本框的内容是否交换。检查按 Enter 键时，两个文本框的内容是否交换。

（3）在过程 Command1_Click()中的语句 Call swap（m，n）设置断点，当运行到断点处时，猜测形参变量 *x*、*y* 的值，按 F8 键单步调试，观察形参变量 *x*、*y* 的值，同时查看变量 *m*、*n* 是否还能继续访问。当执行完 Swap 过程的 End Sub 语句时，检查变量 *x*、*y*、*m*、*n* 是否都有值，值是什么？

（4）输入两个非数值数据，如“大”、“小”，单击“交换”按钮，程序运行结果如何？

（5）单击“清除”按钮，检查文本框的内容是否清空，检查焦点是否在 Text1 中。

（6）单击“退出”按钮，检查程序是否会退出。检查按 Esc 键时程序是否退出。

5．程序改进

（1）保持窗体大小不变。将窗体的 MaxButton、MinButton 属性设为 True。

（2）本程序中只能交换两个数值型数据。若要交换任意文本类型，可将 Swap 过程与 Command1_Click()过程的变量都定义为 String 类型。

6．保存文件

单击“保存”按钮，将窗体文件保存为 Frm_7_1.frm，将工程文件保存为 Prj_7_1.vbp。

注意 当采用传址方式时，对应的实参只能是变量。为提高过程的独立性，通常只在必要时使用住址方式来传递参数，应尽可能使用传值方式来传递参数。

【知识拓展与思考】

1．在“两数交换”过程中形参变量前加关键字 byVal，结果会如何？

2．随机生成 10 个数，前后颠倒次序，分别输出倒序前与倒序后的数。要求调用“两数交换”程序的过程。

分析与解答：将第 1 个数与第 10 个数交换，第 2 个数与第 9 个数交换，……，第 5 个数与第 6 个数交换即可实现倒序。

实验二　Function 过程

题目：编写一个找一维数组的最大元素与最小元素的通用过程，并调用这个过程找出由 10 个两位随机数组成的数组的最大元素与最小元素。

【实验目的】

（1）掌握自定义 Function 过程的定义和调用方法。

（2）分析 Function 过程与 Sub 过程的区别。

【实验内容】

（1）Function 过程的参数设置及返回值。

（2）局部变量与静态局部变量的运用及区别。

（3）模块级变量与全局变量的使用。

【预备知识】

如果没有现成可用的函数，为了解决实际问题，则可以自定义函数过程。与 Sub 过程一样，函数过程也由一段独立的代码组成，可以被某个过程多次调用。

1．Function 过程

（1）Function 过程的语法格式。

```
[Static][Public|Private] Function <函数名> ([参数列表]) [As  数据类型]
        [局部变量和常量声明]
        语句块
        [函数名=表达式]
        [Exit Function]
        语句块
        [函数名=表达式]
    End Function
```

其中，<函数名>的命名规则虽然与变量相同，但函数名不能与系统的内部函数、其他通用子过程、已定义的全局变量或本模块中的模块级变量相同。在函数体内，函数名可以作为变量名使用，函数的返回值由执行函数名的同一赋值语句实现。在函数过程中至少对函数名赋值一次。

[As 数据类型]是指函数返回值的数据类型，如果省略则函数返回变体类型值（Variant）。

[Exit Function]表示退出函数过程，通常与选择结构语句联用，即当满足一定条件时，退出函数过程。退出 Sub 过程用[Exit Sub]。

形参列表与 Sub 过程类似。

（2）Function 过程的调用。

Function 过程的调用方式有两种。

方式一：使用 Call 语句，与 Sub 过程调用相同。

```
Call <函数名>（[<实参表>]）
```

不能获得函数的返回值。

方式二：在表达式里直接调用，格式如下。

```
<函数名>（[<实参表>]）
```

（3）数组参数。

数组作为形参时，格式如下。

```
<数组名>() As  数据类型
```

例如，Private Sub max(a() as integer)

其中参数 *a* 为一整型数组。

数组作为实参时，只要给出数组名即可。

例如，有数组 *b*，调用 max 过程，语句如下。

```
Call max(b)
```

2．Function 过程与 Sub 过程的区别

除了系统提供的内部函数过程和事件过程外，还可以自定义过程，即以“Sub”保留字开始的子过程和以“Function”开始的函数过程。Sub 过程无返回值，Function 过程有返回值。Sub 过程也可以分为事件过程与通用过程两大类。

Function 过程与 Sub 过程的其他区别如下。

（1）Function 过程有数据类型，即函数的返回值，默认为 Variant 类型。

（2）Function 过程中给函数名的赋值就是返回值。

（3）若调用函数可以与调用过程的方式相同，则放弃函数的返回值。

3．数组的输出

数组输出根据输出对象的不同，输出方式也有区别。

（1）输出对象是窗体或图片框等，可以使用 Print 语句按格式输出。

例如，有数组 *a* 的下标为 1～10，输出到窗体，其代码如下。

```
For i=1 To 10
   Print a(i);    '输出在同一行，若要同一列则省略冒号
Next
Print
```

（2）输出对象是文本框、标签等文本处理控件。

由于这类对象一次只能显示一个字符串，所以可以先将数组元素连接成一个字符串，再输出。参考代码如下。

```
Dim s As String
For i=1 To 10
     s= s & Space(2) & a(i)
Next
Text1.Text=s
```

（3）输出对象是列表框等列表型控件。

若一项对应一个数组元素，假设列表框名称为 List1，则可用如下代码。

```
For i=1 To 10
    List1.AddItem    a(i)
Next
```

若所有元素作为一项显示，则用如下方式，先得出所有元素连接成的字符串，再调用如下语句即可。

```
List1.AddItem s
```

4．Rnd()函数

使用 Rnd()函数可以产生 0~1 的随机数。如果要随机产生区间[a，b]的整数，可用如下公式。

```
Int(Rnd() * (b - a + 1)) + a
```

由于每一次后续调用 Rnd()函数都会用序列中前一个生成的数作为下一个数的种子，因此对于任何初始给定的种子都会生成相同的数字序列。

为了解决这一问题，通常在调用 Rnd()之前，先使用无参数的 Randomize 语句初始化随机数生成器，使生成器具有一个基于系统时钟的种子。

【实验步骤】

“求最大最小元素”程序运行界面如图 7-3 所示。

步骤如下。

1．创建界面

启动 VB，新建窗体 Form1，参考图 7-3 向 Form1 窗体添加两个标签、3 个文本框和 3 个命令按钮控件。

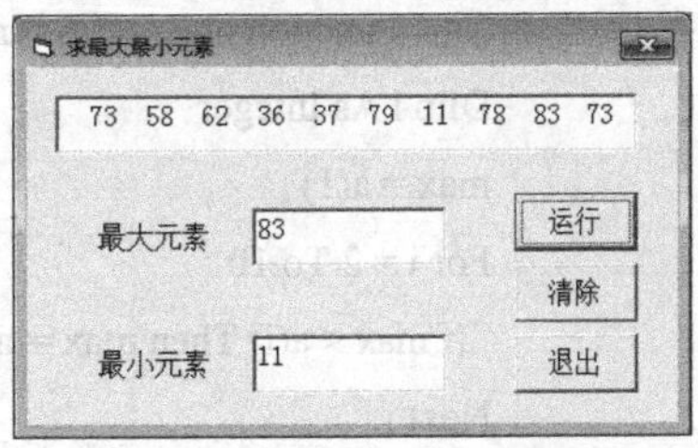

图 7-3 “求最大最小元素”程序界面

2．设计对象属性

窗体及控件属性设计如表 7-2 所示。

表 7-2　　“求最大最小元素”窗体及控件的属性设置

控　件	属　性	设 置 值	控　件	属　性	设 置 值
Form	Name	Form1	Label	Name	Label1
	Caption	求最大最小元素		Caption	最大元素
	Maxbutton	False	Label	Name	Label2
	MinButton	False		Caption	最小元素
TextBox	Name	Text1	CommandButton	Name	Command1
	Text	空白		Caption	运行
	Locked	True		Default	True
TextBox	Name	Text2	CommandButton	Name	Command2
	Text	空白		Caption	清除
	Locked	True			
TextBox	Name	Text3	CommandButton	Name	Command3
	Text	空白		Caption	退出
	Locked	True		Cancel	True

3．编写程序代码

程序的运行方式：执行程序，单击“运行”按钮，随机生成 10 个两位整数存入一个数组，并输出到 Text1 中，调用求最大（小）数函数，将最大元素和最小元素分别输出到 Text2 与 Text3 中；单击“清除”按钮，清除文本框内容；单击“退出”按钮，结束程序运行。

本程序代码部分的编写可分成两步。首先设计求最大最小元素的 Function 过程，再设计调用该过程的主调过程及其他辅助的事件过程。

（1）Function 过程的设计。

分别设计求最大值与求最小值的函数过程。首先要确定本过程的形参，因为需要从主调过程得到一个数组，因此需要一个形参数组；其次确定返回值，主调过程期望得到最大（小）数，返回一个数组元素的值，因此返回值的类型与数组元素类型相同；示例程序中，形参数组和返回值都定义为整型。通用过程参考代码如下。

```
Option Explicit
Option Base 1
Private Function max(a() As Integer) As Integer          '求最大值函数
    Dim i As Integer
    max = a(1)
    For i = 2 To 10
      If max < a(i) Then max = a(i)
    Next i
End Function
Private Function min(a() As Integer) As Integer          '求最小值函数
    Dim i As Integer
    min = a(1)
    For i = 2 To 10
      If min >a(i) Then min = a(i)
    Next i
End Function
```

（2）事件过程。

①“运行”按钮的 Click 事件过程。该过程是主调过程，分 3 步，输入数据、函数调用、输出数据。

```
Private Sub Command1_Click()
Dim x(10) As Integer, maxv As Integer, minv As Integer
Dim i As Integer, s As String
s = ""
For i = 1 To 10
    x(i) = Int(Rnd * 90) + 10             '用随机数函数生成数组元素
    s = s & Space(2) & x(i)               '构建所有数组元素组成的字符串
Next i
maxv = max(x)                             '调用求最大值函数
```

```
minv = min(x)                    '调用求最小值函数
Text1 = s                        '输出所有数组元素值
Text2 = maxv                     '输出最大值
Text3 = minv                     '输出最小值
End Sub
```

②“清除”按钮的 Click 事件过程。

```
Private Sub Command2_Click()
  Text1 = ""
  Text2 = ""
  Text3 = ""
  Text1.SetFocus
End Sub
```

③“退出”按钮的 Click 事件过程。

```
Private Sub Command3_Click()
  End
End Sub
```

4．程序运行和调试

（1）按 F5 键运行程序，检查窗口是否有最大（小）化按钮。

（2）检查程序中的文本框与命令按钮是否都可用，检查文本框是否可以输入。

（3）单击“运行”按钮，检查程序运行结果。

（4）在 Command1_Click 过程中的 s = s & Space(2) & x(i)处设置断点，单步调试程序，观察数组元素的值及变量 *s* 的变化。

（5）在 Command1_Click 过程中的 maxv = max(x)处设置断点，按 F5 键运行，当运行至断点处，程序挂起，观察 max*v* 的值，并预测形参数组的值。改为单步调试，观察形参数组元素的值，函数名取值的变化。当函数调用结束时，观察 Command1_Click 过程中 maxv 的值。

（6）连续两次单击“运行”按钮，程序结果是否有变化？

（7）重新运行程序，按 Enter 键，程序结果如何？

（8）单击“清除”按钮，观察文本框内容的变化及焦点位置。

（9）单击“退出”按钮或按 Esc 键，程序能否退出？

5．程序改进

（1）当每次单击“运行”按钮或按 Enter 键时，程序运行结果相同，如何才能不同？

由于 Rnd()函数每次生成的随机数序列都是相同的，所以运行结果不变。如希望生成不同的随机数，需要在调用 Rnd()函数之前对随机数函数初始化，语句如下。

```
Randomize
```

（2）求出最大（小）元素的同时给出最大（小）元素在数组中的位置，即下标。

将函数的返回值改为最大（小）元素的下标，函数过程做如下修改。

```
Private Function max(a() As Integer) As Integer    '求最大值函数
  Dim i As Integer
```

```
    max = 1
    For i = 2 To 10
     If a(max) < a(i) Then max =i
    Next i
  End Function
```

最小值函数的修改类似。

在 Command1_Click 过程中，maxv 表示最大元素的下标，minv 表示最小元素的下标。输出语句做如下修改。

```
Text2="最大值是：" & x(maxv) & ",下标为" & maxv
Text3="最小值是：" & x(minv) & ",下标为" & minv
```

6．保存文件

单击“保存”按钮，将窗体文件保存为 Frm_7_2.frm，将工程文件保存为 Prj_7_2.vbp。

【拓展与思考】

1．若数组的最大与最小下标不确定，修改求最大（小）元素的函数过程。

分析与解答：调用 LBound 与 UBound 函数分别求数组的最小下标和最大下标。

2．随机产生 10 个两位整数，用选择排序法按升序排列。要求调用求最大（小）元素函数和交换过程。

分析与解答：选择排序的思想是找无序的一组数中的最小数，将其与第一个元素交换位置，每一次找最小数时，已排好序的数组元素不参与。这里找最小数要调用不确定数组上下界且返回最小元素位置的求最小元素的函数过程。找到最小数后，根据最小数的下标，将其与当前第一个元素交换位置，调用交换过程。

实验三　综合实验三

题目：计算机随机产生一个在[0，15]内的整数，求其对应的二进制数。让用户练习，并统计练习结果。

【实验目的】

（1）掌握 Sub 过程与 Function 过程的定义并能灵活运用。

（2）掌握局部变量与模块级变量的使用。

（3）掌握常用的键盘鼠标事件过程的使用。

【实验内容】

（1）过程与函数的定义与调用。

（2）变量的作用域。

（3）键盘鼠标事件。

【预备知识】

1．变量的作用域

VB 中变量的作用域可分为多种情况。

- 全局变量：在窗体或模块的通用部分用 Public 声明的变量。
- 模块级变量：在窗体或模块的通用部分用 Dim 或 Private 声明的变量。
- 局部变量：在过程中用 Dim 或 Static 声明的变量。

注意

（1）在过程中不能用 Public 声明全局变量。

（2）当全局变量（或）模块级变量与局部变量同名时，在局部变量作用域内，局部变量有效，全局变量或模块级变量被隐藏。

2．键盘鼠标事件

（1）鼠标事件。

有 3 个基本的鼠标事件。

MouseDown 事件过程的语法格式如下。

Private Sub 对象名_MouseDown(Button As Integer,Shift As Integer,X As Single,Y As Single)

MouseUp 事件过程的语法格式如下。

Private Sub 对象名_MouseUp(Button As Integer, Shift As Integer, X As Single, Y As Single)

MouseMove 事件过程的语法格式如下。

Private Sub 对象名_MouseMove(Button As Integer,Shift As Integer,X As Single,Y As Single)

上述事件过程适用于窗体和大多数控件，包括复选框、命令按钮、单选按钮、框架、文本框、图片框、图像框、标签、列表框等。

3 个鼠标事件过程具有相同的参数，含义分别如下。

① Button 参数设定鼠标键状态，该参数是一个整数（16 位二进制）。在设置按键状态时，实际只使用了低三位。其中最低位表示左键，右数第二位表示右键，第三位表示中间键。当按下某个键时，相应的位被置 1，否则为 0。

② Shift 表示 Shift、Ctrl 和 Alt 3 个键的状态，称为转换参数。与 Button 一样也是一个 16 位整数，并用其低三位表示 Shift、Ctrl 和 Alt 3 个键的状态，某键被按下使得一个二进制位被设置。

③ *X* 和 *Y* 参数返回当前鼠标指针的位置。（*X*，*Y*）通常指接收鼠标事件的窗体或控件上的坐标。

（2）KeyPress 事件。

当按下任何可打印的键盘字符时触发 KeyPress 事件。该事件的语法格式如下。

Private Sub 对象名_KeyPress(KeyAscii As Integer)

说明：

① 对象指任何可接收键盘输入的窗体或控件。

② 参数 KeyAscii 返回按键的 ASCII 码。如果将 KeyAscii 设为 0，则取消键盘输入，即对象无法接收用户的输入。

（3）KeyDown 事件和 KeyUp 事件。

KeyDown 事件在按下键时触发，KeyUp 事件在松开键时触发。这两个事件过程的语法如下。

```
Private Sub 对象名_KeyDown(KeyCode As Integer, Shift As Integer)
Private Sub 对象名_KeyUp(KeyCode As Integer, Shift As Integer)
```

说明：

① 参数 KeyCode 返回所按键的代码值，反映物理键码，同一个键上的码（如 5 和%，以及英文的大小写）是不区分的。

② Shift 参数同鼠标事件中的 Shift 参数一样，返回一个整数值，指示 Shift、Ctrl 和 Alt 键的状态。

③ KeyPress 事件返回字符的 ASCII 码；KeyDown / KeyUp 事件返回按键的代码。

【实验步骤】

“数制转换练习”程序运行界面如图 7-4 所示。程序运行后在标签 Label1 上显示题目，当用户在 Text1 中输入答案后，按回车键，程序判断输入的答案是否正确，在 Label2 显示判断结果，同时统计答题情况，并在 Label3 显示统计结果。

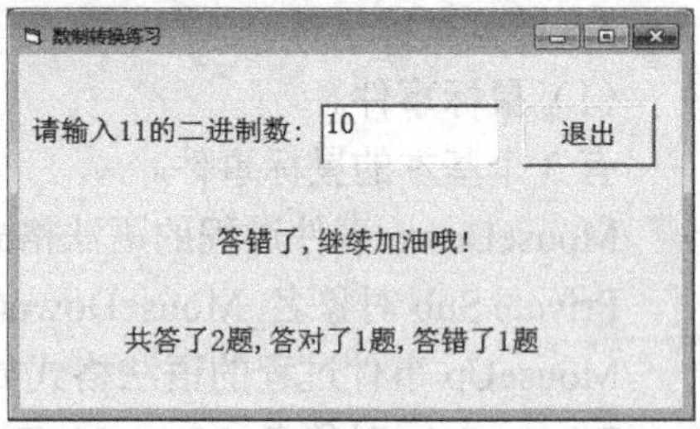

图 7-4 “数制转换练习”程序界面

1．创建界面

参考图 7-4，添加对象。

2．设计对象属性

属性设置如表 7-3 所示。

表 7-3　“数制转换练习”窗体及控件的属性设置

控　件	属　性	设 置 值	控　件	属　性	设 置 值
Form	Name Caption	Form1 数制转换练习	Label	Name Caption	Label3 空白
Label	Name Caption	Label1 空白	TextBox	Name Text	Text1 空白
Label	Name Caption	Label2 空白	CommandButton	Name Caption Cancel	Command1 退出 True

3．编写程序代码

（1）声明模块级变量。

当用户输入答案按回车键时，需要判断用户输入的答案是否是系统自动生成的随机数的二进制数，即在生成题目时及判断结果时都要用到这个数，因此声明一个模块级变量 *n* 保存系统产生的随机数。

另外，每计算一道题都要统计答题结果，即要执行 Text1_KeyPress 事件过程，如果用局部变量保存题数，当过程运行结束时局部变量的值就不存在，因此设置两个模块级变量 *ty*、 *tn* 保存答对题数及答错题数。在通用段输入如下声明语句。

```
Dim n As Integer, ty As Integer, tn As Integer
```

（2）声明通用过程。

① 定义一个过程 gen 用于生成并显示题目。在窗体刚显示时，需要显示一道题目，在用户输入答案按回车键后，又要显示下一道题目，即需要重新产生并显示新题目。为了避免代码重复，将生成并显示题目定义为一个过程。

产生一个[0，15]范围的随机整数，并设置题目在 Label1 上的显示格式。参考代码如下。

```
Private Sub gen()
    n = Int(Rnd * (16))
    Label1.Caption = "请输入" & n & "的二进制数:"
End Sub
```

② 定义一个 dectobin(x)函数。由于十进制数转换为二进数的算法稍显复杂，语句也较多，为了程序结构简洁，将十进数转换为二进制数设计为一个函数。

十进制数转换为二进制数采用除 2 取余法，直到商为 0 结束，将余数按倒序排列就是所要求的二进制数。函数需要从主调过程获得一个整型参数，返回一个二进制数，由于二进制数位数较多，因此用字符串类型表示。参考代码如下。

```
Private Function dectobin(ByVal  x As Integer) As String
    Dim s As String
    Dim r As Integer
    Do While x > 0
        r = x Mod 2
        s = CStr(r) & s
        x = x \ 2
    Loop
    dectobin = s
End Function
```

（3）事件处理程序。

① Form1 窗体的 Load 事件。

当窗体加载时，初始化随机数序列，然后调用过程 gen 生成题目。参考代码如下。

```
Private Sub Form_Load()
    Randomize
    Call gen
End Sub
```

② Text1 文本框的 KeyPress 事件过程。

当用户输入完按回车键时，用变量 uBin 获得用户输入的答案，调用函数 dectobin(n)获得系统计算的结果存入变量 strBin 中，判断两者是否相等。若相等则显示回答正确信息，且答对题数加 1；否则，显示回答错误信息，将答错题数加 1。程序执行流程如图 7-5 所示。参考代码如下。

```
Private Sub Text1_KeyPress(KeyAscii As Integer)
```

```
Dim strBin As String
Dim uBin As String
If KeyAscii = 13 Then
  strBin = dectobin(n)  '系统答案
  uBin = Trim(Text1)    '用户答案
  If strBin = uBin Then
    ' Label2.ForeColor = vbGreen
      Label2 = "恭喜您,答对了!"
      ty = ty + 1
  Else
    'Label2.ForeColor = vbRed
      Label2 = "答错了,继续加油哦!"
      tn = tn + 1
  End If
  Label3 = "共答了" & ty + tn & "题,答对了" & ty
& "题,答错了" & tn & "题"
  gen
End If
End Sub
```

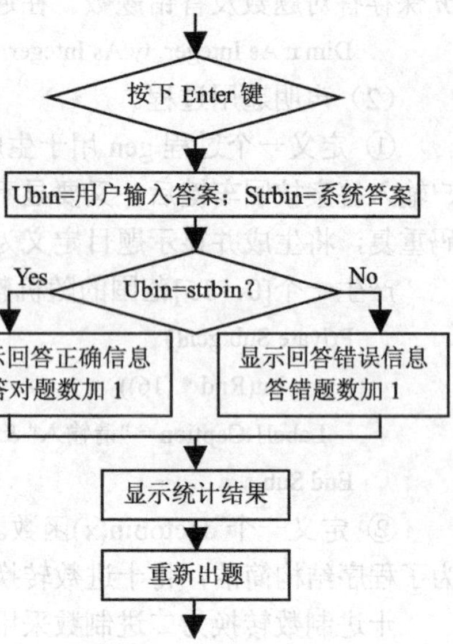

图 7-5 “数制转换练习”的判断与统计流程图

③ 退出按钮 Command1 的 Click 的事件过程。

```
Private Sub Command1_Click()
  End
End Sub
```

4．程序运行和调试

（1）按 F5 键运行程序，检查程序窗口中文本框与命令按钮是否可用，检查 Label1 中是否有题目。

（2）关闭程序并重新运行，检查题目是否有变化。

（3）向文本框中输入正确答案，不按回车键，系统是否显示结果。

（4）向文本框中输入正确答案，并按回车键。检查 Label2 与 Label3 中的显示内容与预期结果是否一致，同时检查是否有新题目生成。

（5）向文本框中输入正确答案，并按回车键。检查 Label2 与 Label3 中的显示内容与预期结果是否一致，同时检查是否有新题目生成。

（6）在过程 Command1_Click()中的语句 strBin=dectobin(n)处设置断点，当运行到断点处时，单步调试，观察数制转换的执行过程与预期是否相符。

（7）dectobin(x)函数中的参数使用什么传递方式？若改为另一种对程序结果有无影响？若将 Text1_keyPress()事件过程中的

Label2 = "恭喜您,答对了!"

改为

Label2 = "恭喜您,答对了!" & n & “的二进制数是” & strBin

结果又如何？

（8）单击“退出”按钮，检查程序是否会退出。检查按 Esc 键时程序是否退出。

5．程序改进

（1）当系统提示回答结果时，用绿色显示回答正确信息，用红色显示回答错误信息。可以通过修改标签的前景色来实现。

（2）由于按回车键后，原来的题目就被新题目覆盖了，用户看不到刚答的题目。可将提示信息修改为“恭喜您，答对了！10 的二进制数是 1010”，使用户可以确定刚做的题目的对错。

（3）当用户按“退出”按钮时，加上一些提示信息，如“您确实要退出不再答题了？”，使用系统界面更友好。

6．保存文件

单击“保存”按钮，将窗体文件保存为 Frm_7_3.frm，将工程文件保存为 Prj_7_3.vbp。

【拓展与思考】

1．试按下面要求改写程序。

当用户在做一道题目时，如果回答错误，则不重新出题，要求用户重新回答，但最多只给 3 次机会，3 次都答错了才算答错一道题。如果答对，或 3 次都答错了，才重新出题。统计信息改为：共做了几道题，答错了多少题。

分析与解答：

（1）原题是无论答对还是答错都重新出题，因此出题过程 gen 的调用放在判断答题情况之后。现在要求答错不重新出题，答对时才出题，因此当系统判断答题正确时调用 gen 过程出题，否则不调用。

（2）如果连续 3 次答错也要重新出题。首先要设一个变量 n 用于对连续答错计数，每答一次题都会调用判断过程一次，由于局部变量的值在过程结束时不存在；另外，该变量只在判断过程中使用。因此，在过程中定义一个 Static 类型的变量 n。如果答对了，就将 n 置 0，计数答对题数，并调用 gen 过程重新出题；否则，将 n 增加 1，判断 n 的值：如果大于等于 3，调用 gen 过程重新出题，并对答错题数计数，否则不出题。程序执行流程如图 7-6 所示。

2．试按下面要求改写程序。

在上题基础上加上计时功能，统计 1 分钟内答了多少题，答对多少题。

分析与解答：为了让用户能掌握自己的答题时间，在窗体上通过一个标签显示剩余时间，以秒为单位；当时间到时，弹出消息框，提示用户答题时间到。在窗体上添加一个标签对象 lblTime 和一个时钟对象 Timer1，设时钟的 Interval 属性为 1 000。时钟的 Timer 事件过程参考代码如下。

```
Private Sub Timer1_Timer()
  Static m as Integer
  m=m+1
  lblTime=str(60-m)
  If m=60    Then
    MsgBox "时间到，结束答题。"
    MsgBox Label3.Caption                '显示最终答题情况
```

```
        End
        End If
    End Sub
```

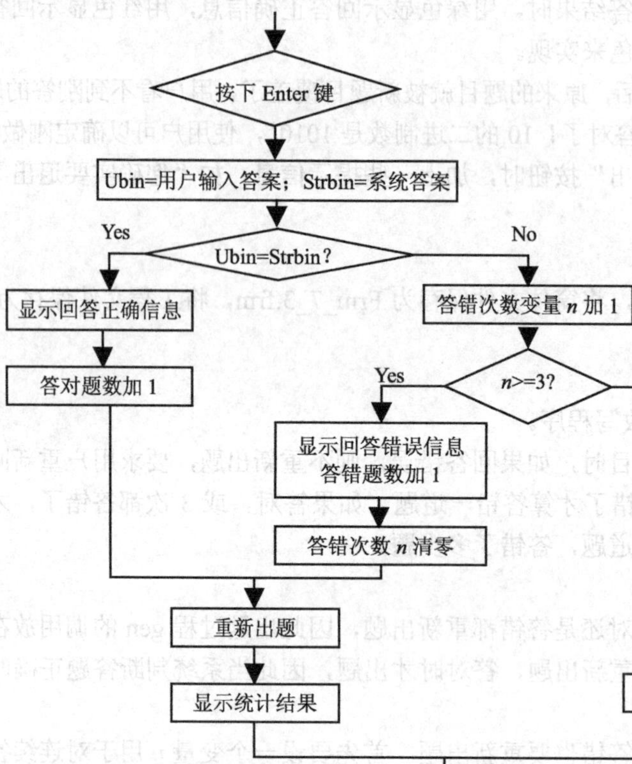

图 7-6 “数制转换练习”改进后的流程图

3．参考函数 decttobin()编写十进数转换为任意进制数的通用函数过程。

分析与解答：在函数 decttobin()中增加一个整型参数，以表示需要的数制。函数头部可参考如下代码。

```
Private Function dectrans(x As Integer，r As Integer)As String
```

在函数过程体中将除数改为形参 *r* 即可。要注意的是十六进制数中 10～15 是用字母 A～F 表示的，在求出余数时要做相应的转换。

【习题与思考】

一、选择题

1．（　　）是由 VB 提供的一种专门的子程序，由对象本身所具有，反映该对象功能的内部函数或过程。

A．文件　　B．属性　　C．方法　　D．窗体

2．下列说法不正确的是（　　）。

A．事件是 Visual Basic 预先定义的对象能识别的动作

B．属性是指对象的名字、大小、位置和颜色等特性

C．方法是 Visual Basic 提供的用来完成操作的特殊子程序

D．最简单的 Visual Basic 程序只有一个工程，且工程中只含一个窗体和一个标准模块

3．有一个子程序定义为 Public Sub aaa(a As Integer,b As Single)，正确的调用形式是（　　）。

A．Call aaa 3,3.5　　　　B．Call Sub(3,3.5)

C．aaa 3,3.5　　　　D．Sub 3,3.5

4．Function 过程与 Sub 过程的最大区别是（　　）。

A．Function 过程有返回值　　　　B．Sub 过程有返回值

C．Function 过程可以带参数　　　　D．Sub 过程可以带参数

5．以下描述正确的是（　　）。

A．过程的定义可以嵌套，但过程的调用不可以嵌套

B．过程的定义不可以嵌套，但过程的调用可以嵌套

C．过程的定义和调用均可以嵌套

D．过程的定义和调用均不可以嵌套

二、填空题

1．参数传递规则：（1）按地址传递（默认或以关键字________表示）。（2）按值传递（以关键字________表示），另外，如果在调用时该形参对应的实参是一个表达式，则按值传递方式调用过程。

2．语句 Exit Sub 的作用是____________。

3．全局变量是指在___________________都有效的变量。

4．在对象的按键事件（即 KeyPress）中，参数 KeyAscii 的含义是__________。

5．变量的作用域有全局变量、__________和____________共 3 种。

三、编程题

1．编写一个过程，用来计算并输出 s=1+1/2+1/3+…+1/100 的值。

2．编写一个排序过程，设一个数组参数和一个整型变量，取 1 时将数组元素按升序排序；取 0 时将数组元素按降序排序。

第 8 章 文件

实验一 顺序文件

题目：利用文本框、文件、文件夹和驱动器控件建立一个简单文本文件编辑器。

【实验目的】

（1）掌握文件的概念，了解数据在文件中的存储方式。

（2）掌握文件系统控件的功能和用法。

（3）掌握顺序文件的操作方法。

【实验内容】

（1）掌握顺序文件中数据的读写方法。

（2）熟悉并掌握利用文件系统控件处理文件的方法。

【预备知识】

由应用程序产生或处理过的信息，往往在应用程序停止运行以后仍需要保留。另外，通过各种渠道收集的信息也需要用一种形式保存起来，以便以后再使用。因此，计算机应用系统通常将这些相关信息组织起来保存在外存上，称为文件。根据文件的存取方式和结构，文件可分为顺序文件和随机文件。

1．顺序文件

顺序文件即文本文件。其存取方式是按由文件的开头到结尾的顺序进行的。

（1）打开顺序文件。

格式：

Open <文件名> For [打开方式] As[#]<文件号>。

<文件名>为要打开的文件的名字，该文件名可能还包括目录及驱动器。

[打开方式]包括 3 种，分别是 Input、Output、Append。其中，Input 是指向计算机输入数据；Output 是指向文件写数据；Append 是指向文件添加数据。

<文件号>是专为这个文件指定的一个有效号码，其值是 1～511 的整型数字。

（2）关闭顺序文件。

格式：

```
Close [[#] 文件号][,[#] 文件号]…
```

[文件号]与 Open 语句中的文件号相同。

（3）读顺序文件。

顺序文件的读操作，是从已存在的顺序文件中读取数据到变量中。在读一个文件时，首先要将准备读的文件用 Input 方式打开，再利用 VB 提供的读操作语句实现。

读数据的操作有 3 种实现方式。

方式一：使用 Input# 语句，格式如下。

```
Input#<文件号>，<变量列表>
```

方式二：使用 Line Input# 语句，格式如下。

```
Line Input#<文件号>，<字符串变量>
```

方式三：使用 Input 函数，格式如下。

```
Input（<整数><{#}<文件号>）
```

Input 函数返回它所读取的所有字符，包括逗号、回车符、空白列、换行符、引号和前导空格等。

（4）写顺序文件。

写数据的操作有两种实现方式。

方式一：使用 Print#语句，格式如下。

```
Print#<文件号>, [输出列表]
```

方式二：Write#语句，格式如下。

```
Write#<文件号>, [输出列表]
```

注意　与 Print#语句不同，Write#语句采用紧凑格式。数据项之间自动插入逗号(，)，并给字符数据加上双引号。用 Write #语句写入的正数的前面没有空格。

2．文件系统控件

VB 提供了驱动器列表框、目录列表框和文件列表框这 3 个文件系统控件。通常可以将它们结合使用来获取有关驱动器、目录和文件的当前状态。

（1）驱动器列表框（DriveListBox）。

用于显示系统中所有驱动器列表清单，其中包括软盘、硬盘、光盘和各类移动存储设备。例如：

```
Drive1.Drive="C:"              ' 设置当前驱动器
```

（2）目录列表框（DirListBox）。

用于显示用户系统上的当前驱动器或指定驱动器上的目录结构。例如：

```
Dir1.Path="c:\My Documents"    ' 改变当前的文件目录为 c:\My Documents
```

（3）文件列表框（FileListBox）。

用于显示特定目录下的文件。例如：

```
File1.Path = Dir1.Path    ' 显示指定目录下的文件
```

在实际应用中，驱动器列表框、目录列表框和文件列表框通常是同步操作。可通过下面的语句实现同步操作。

```
Private Sub Dir1_Change()
   File1.Path=Dir1.Path
End Sub
Private Sub Drive1_Change()
   Dir1.Path=Drive1.Drive
End Sub
```

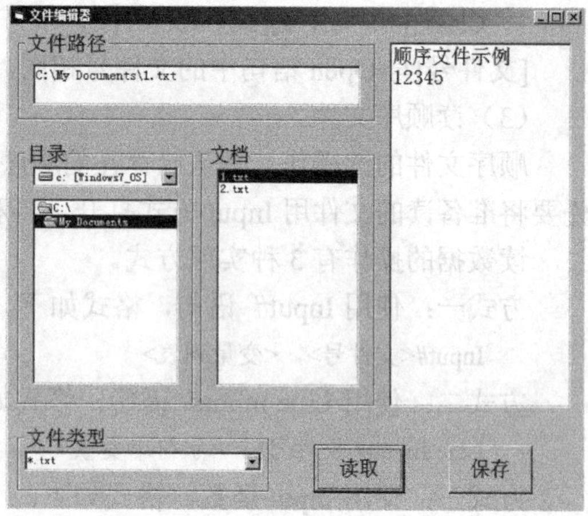

图 8-1 “文件编辑器”程序界面

【实验步骤】

“文件编辑器”程序运行界面如图 8-1 所示。

步骤如下。

1．启动 VB，新建窗体 Form1，参考图 8-1 向 Form1 中添加 4 个框架、一个驱动器列表框、一个目录列表框、一个文件列表框、一个组合框、两个文本框和两个命令按钮。

2．设置对象属性

控件属性设置如表 8-1 所示。

表 8-1　“文件编辑器”窗体及控件的属性设置

窗体	Form1	Caption	文件编辑器
框架	Frame1	Caption	文件路径
	Frame2	Caption	目录
	Frame3	Caption	文档
	Frame4	Caption	文件类型
驱动器列表框	Drive1		
目录列表框	Dir1		
文件列表框	File1		
组合框	Combo1		
文本框	Text1	Text Multiline	空 True
	Text2	Text	空
按钮	Button1	Caption	读取
	Button2	Caption	保存

3．编写程序代码

程序功能：首先确定文件位置和类型，然后在文件列表框中选择文本文件 Text1.txt，单击“读取”按钮，将 Text1.txt 中的内容显示在文本框中；接着在文件列表框中选择文本文件 Text2.txt，单击“保存”按钮，将当前文本框中的内容保存到 Text2.txt 中。

以下是该程序的主要程序段。

```
' 文件系统控件联动控制事件，用于在目录列表框和文件列表框中正确显示目录项
Private Sub Dir1_Change()
```

```
        File1.Path = Dir1.Path
        Text2.Text = Dir1.Path
    End Sub
    Private Sub Drive1_Change()
        Dir1.Path = Drive1.Drive
    End Sub
    Private Sub File1_Click()
        Text2.Text = File1.Path & "\" & File1.FileName      ' 显示文件的完整路径
End Sub
    Private Sub Form_Load()
        Combo1.AddItem "*.txt"
        Combo1.AddItem "*.doc"
    End Sub
    Private Sub Combo1_click()                         ' 选择文件类型
        Dim aa As String
        aa = Combo1.List(Combo1.ListIndex)
        File1.Pattern = aa
    End Sub
    Private Sub Command1_Click()                       ' 实现文件读取操作
        Dim b As String
        If Text2.Text <> "" Then
          Text1.Text = ""
          Open Text2.Text For Input As #1
          b = ""
        ' 将已打开的文本文件的内容显示在文本框中
          Do Until EOF(1)                              ' 测试是否已到文件尾
            Line Input #1, nextline
            b = b & nextline & Chr(13) & Chr(10)
          Loop
          Close #1                                     ' 关闭文件
          Text1.Text = b
        End If
    End Sub
    Private Sub Command2_Click()                       ' 实现文件的写入操作
        If Text2.Text <> "" Then
          Open Text2.Text For Output As #1             ' 以写方式打开文件
          Print #1, Text1.Text                         ' 将内容写入文件
          Close #1
        End If
```

```
End Sub
```

4．程序运行和调试

（1）按 F5 键运行程序，检查程序中的文本框、命令按钮和文件系统控件是否都可用。

（2）运行程序，选择相应的驱动器、文件夹和文件名，检查 Text2 中是否正确显示选定文件的完整路径。

（3）选择文件类型时，检查文件列表框中是否显示对应类型的文件。

（4）在 Command1_Click()过程中的 b = b & nextline & Chr(13) & Chr(10)处设置断点，单步调试程序，观察变量 *b* 的变化。

（5）在设计程序界面时，将文本框 Text2 的 Multiline 属性设为 False，程序结果是否发生变化？

（6）将 Command2_Click()过程中的语句 Open Text2.Text For Output As #1 改为 Open Text2.Text For Append As #1，程序结果是否发生变化？单击两次“保存”按钮，Text2.Text 中的内容又是什么？

5．程序改进

（1）保持窗体大小不变。将窗体的 MaxButton、MinButton 属性设为 False。

（2）当用户单击“保存”按钮时，加上一些提示信息，如“已成功将内容写入文件”，使系统界面更友好。

6．保存文件

单击“保存”按钮，将窗体文件保存为 Frm_8_1.frm，将工程文件保存为 Prj_8_1.vbp。

【知识拓展与思考】

1．建立一个职工档案文件，要求可实现录入和显示记录功能。其中，显示职工信息的控件为列表框。

2．计算所打开文件中大、小写字母的个数。

分析与解答：先按读取数据模式打开文件，并读取文件内容，再判断字母的范围。

实验二　随机文件

题目：对职工档案数据进行管理，要求建立一个随机文件，并能实现显示记录、添加记录、修改记录、退出的功能。

【实验目的】

（1）掌握随机文件的读写方法，能够独立进行编程。

（2）了解顺序文件和随机文件的区别。

（3）熟悉常用的文件处理函数和语句，能灵活运用。

【实验内容】

（1）掌握随机文件中数据的读写方法。

（2）熟悉并掌握利用文件处理函数和语句处理文件的方法。

【预备知识】

1．随机文件

顺序文件必须顺序访问，而随机文件则可以直接快速访问文件中的任意一条记录。对随机文件的读写是按记录进行操作的。

（1）定义数据类型。

通常是在标准模块或窗体模块中使用用 Type…End Type 语句定义数据类型。

（2）打开随机文件。

格式：Open<文件名> For Random As [#],<文件号> [Len=<记录长度>]

[Len=<记录长度>]用 Len 获取指定随机文件的记录长度。

与顺序文件不同，打开一个随机文件后，既可用于写操作，也可用于读操作。

（3）关闭随机文件。

与关闭顺序文件的格式相同。

（4）随机文件的读操作。

随机文件的读操作，是将打开随机文件中的数据读取到变量中。

格式：Get #<文件号>, [记录号], <变量>

如果忽略记录号，则在当前记录前插入一条记录。

（5）随机文件的写操作。

随机文件的写操作，是将一个记录变量的内容写入所打开的文件中指定的记录位置处。

格式：Put #<文件号>, [记录号], <变量>

还可通过 Put 语句实现记录的追加和修改。

（6）随机文件中记录的删除。

删除记录有两种方式。

方式一：将要删除记录的下一个记录写到要删除记录的位置上，其后的所有记录依次前移。移动完成后，最后的记录号减 1。

方式二：打开一个临时文件，将原文件中所有不删除的记录复制到临时文件中。将原随机文件删除，然后再将临时文件复制成原文件，最后删除临时文件。

2．顺序文件和随机文件的区别。

（1）从概念角度：顺序文件实际上是文本文件。随机文件是由一组长度相等的记录组成的。

（2）从数据访问角度：顺序文件的读写操作是逐个记录顺序读写，不可同时进行读写操作。而随机文件是通过记录号读写，可同时进行读写操作。

（3）从记录长度角度：顺序文件记录的长度可长可短。随机文件的记录长度相等。

（4）顺序文件占用空间小，结构简单，但维护困难，适用于数据不经常修改的情况。随机文件占用空间大，结构较复杂。存取灵活，速度快，容易修改。

3．文件函数和语句

（1）FreeFile 函数。

格式：FreeFile[（文件号范围）]

功能是取得当前状态下可用的文件号。

（2）FileLen 函数。

格式：FileLen（<文件名>）

功能是返回文件的长度。

（3）LOF 函数。

格式：LOF（<文件号>）

功能是返回用 Open 语句打开的文件的字节数。例如：

LOF（2） ' 返回 2 号文件的长度。

常常在增加记录时使用下面的形式来表示最后一条记录的记录号。

最后一条记录的记录号=LOF（<文件号>）/Len（记录型变量）

（4）LOC 函数。

格式：LOC（<文件号>）

功能是返回由<文件号>指定的文件的当前读写位置。

（5）EOF 函数。

格式：EOF（<文件号>）

功能是检测文件的记录指针是否指向文件尾，若指针已到达文件尾，则返回“True”，否则返回“False”。

（6）Kill 语句。

格式：Kill<文件名>

功能是删除指定文件。其中文件名可包含通配符*或？。

（7）FileCopy 语句。

格式：FileCopy<源文件名>，<目标文件名>

功能是将<源文件名>指定的文件复制给<目标文件名>。其中源文件名和目标文件名中不可使用通配符*或？。

（8）Name 语句。

格式：Name<源文件名>As<新文件名>

功能是重命名文件或目录，或移动文件。

注意 在对一个已经打开的文件进行重命名、复制和删除时，应先将其关闭。

【实验步骤】

“职工档案”程序运行界面如图 8-2 所示。

步骤如下。

1．创建界面

启动 VB，新建窗体 Form1 和 Form2。参考图 8-2 向 Form1 中添加一个框架、5 个标签、5 个文本框和 5 个命令按钮。

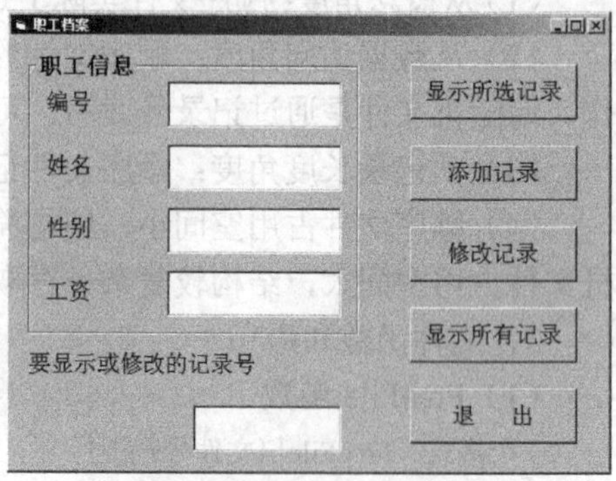

图 8-2 “职工档案”程序界面

2．设置对象属性

控件属性设置见表 8-2。

表 8-2　　“职工档案”窗体及控件的属性设置

窗体	Form1	Caption	职工档案
框架	Frame1	Caption	职工信息
标签	Label1	Caption	编号
	Label2	Caption	姓名
	Label3	Caption	性别
	Label4	Caption	工资
	Label5	Caption	要显示或修改的记录号
文本框	Text1	Text	空
	Text2	Text	空
	Text3	Text	空
	Text4	Text	空
	Text5	Text	空
按钮	Button1	Caption	显示所选记录
	Button2	Caption	添加记录
	Button3	Caption	修改记录
	Button4	Caption	显示所有记录
	Button5	Caption Cancel	退出 True
窗体	Form2	Caption	显示所有职工档案

3．编写程序代码

程序功能：在 Form1 中输入职工相关信息，单击“添加记录”按钮将相应内容写入文件 zgda.Txt 中；输入需要显示或修改的记录号，单击“显示所选记录”按扭，在“职工信息”框架内显示与记录号对应的职工数据，在对其进行修改之后，单击“修改记录”按钮，将修改的记录写入文件 zgda.Txt1 中；单击“显示所有记录”按钮，在 Form2 中显示所有职工信息；单击“退出”按钮，结束程序。

（1）定义记录结构类型和模块级变量。

本例要求建立一个记载职工档案的随机文件，其中包含的职工信息由编号、姓名、性别、工资共 4 个字段共同组成，因此首先应该在标准模块或窗体模块中定义一个职工档案记录类型。在窗体模块中输入以下语句。

```
Private Type zgda
  bh As String * 6
  xm As String * 8
  xb As String * 2
  gz As Single
End Type
```

在处理有关职工档案中的数据时，必须在窗体模块中同时声明应用程序在处理随机文件时所需要的变量。因此定义 zgda 类型的变量 zg，语句如下。

```
Dim zg As zgda
```

再定义两个模块级变量 CurRec 和 MaxRec，分别用于保存当前记录号和最大记录号。

```
Dim CurRec As Integer
Dim MaxRec As Integer
```

（2）事件处理程序。

主要事件处理程序如下。

```
Private Sub Command1_Click()                    ' 显示所选记录
    Open " zgda.Txt" For Random As #1 Len = Len(zg)
    CurRec = Val(Text5.Text)
    Get #1, CurRec, zg                          ' 读取文件
    Text1.Text = zg.bh
    Text2.Text = zg.xm
    Text3.Text = zg.xb
    Text4.Text = zg.gz
    Close #1
End Sub
Private Sub Command2_Click()                     ' 添加记录
    Open " zgda.Txt" For Random As #1 Len = Len(zg)
    MaxRec = LOF(1) / Len(zg)                   ' 求最大记录号
    zg.bh = Text1.Text                          ' 给字段变量赋值
    zg.xm = Text2.Text
    zg.xb = Text3.Text
    zg.gz = Text4.Text
    MaxRec = MaxRec + 1
    Put #1, MaxRec, zg                          ' 将最后一条记录写入文件
    Close #1
    Text1.Text = ""
    Text2.Text = ""
    Text3.Text = ""
    Text4.Text = ""
End Sub
Private Sub Command3_Click()                     ' 修改记录
    Open " zgda.Txt" For Random As #1 Len = Len(zg)
    CurRec = Val(Text5.Text)                    ' 获取当前要显示或修改的记录号
    zg.bh = Text1.Text
    zg.xm = Text2.Text
    zg.xb = Text3.Text
    zg.gz = Text4.Text
    Put #1, CurRec, zg                          ' 写入当前文件记录
    Close #1
End Sub
Private Sub Command4_Click()                     '  显示所有记录
    Dim i As Integer
    Open " zgda.Txt" For Random As #1 Len = Len(zg)
```

```
    MaxRec= LOF(1) / Len(zg)
    Form1.Hide
    Form2.Show
    Form2.Cls                          ' 窗体清空
    For i = 1 To MaxRec                ' 利用循环在文本框中显示所有记录
      Get #1, i, zg
       Form2.Print zg.bh, zg.xm, zg.xb, zg.gz
    Next
    Close #1
  End Sub
  Private Sub Command5_Click()         ' 退出
    End
  End Sub
```

4．程序运行和调试

（1）按 F5 键运行程序，检查程序中的文本框、命令按钮是否都可用。

（2）输入职工信息，单击“添加记录”、“修改记录”等按扭，检查程序运行结果。

（3）在 Command2_Click()过程中的 MaxRec = LOF(1) / Len(zg)处设置断点，单步调试程序，观察变量 MaxRec 的值。

（4）在 Command4_Click()过程中的 Form2.Print zg.bh，zg.xm，zg.xb，zg.gz 处设置断点，单步调试程序，观察 Form2 中内容的变化。

（5）关闭程序并重新运行，单击“显示所有记录”按钮，检查所有记录是否能正确显示。

（6）单击“退出”按钮，检查程序是否退出。检查按 Esc 键时程序是否退出。

5．程序改进

（1）如果将“显示所选记录”按钮删除，如何实现输入“要显示或修改的记录号”，显示记录。可以通过文本框的 Change 事件来实现。参考代码如下。

```
  Private Sub Text5_Change()
    Open " zgda.Txt" For Random As #1 Len = Len(zg)
        CurRec = Val(Text5.Text)
        Get #1, CurRec, zg
        Text1.Text = zg.bh
        Text2.Text = zg.xm
        Text3.Text = zg.xb
        Text4.Text = zg.gz
        Close #1
  End Sub
```

（2）在对相应职工信息进行修改后，文本框中还显示刚才修改的职工信息，对后续的操作可能造成不便。可在修改记录后直接将相应文本框中的内容清空，使系统界面更加友好。

6．保存文件

单击“保存”按钮，将窗体文件分别保存为 Frm_8_2_1.frm 和 Frm_8_2_2.frm，将工程文件保存为 Prj_8_2.vbp。

【知识拓展与思考】

1．对程序进行修改，实现删除记录功能。

分析与解答：删除记录时，需要选定要删除的记录作为当前记录，将除当前记录之外的其他记录写入一个临时建立的随机文件中，将原随机文件删除，然后再将临时文件复制成原文件，最后删除临时文件。

2．应用随机文件，实现学生成绩的查询和添加。记录文件中每个记录的内容包括学号、姓名、数学、英语、计算机。

分析与解答：在窗体模块或标准模块中建立一个记录结构类型。

【习题】

一、选择题

1．以下叙述正确的是（　　）。

A．随机文件中每个记录的长度是固定的

B．一个记录中所包含的各个元素的数据类型必须一致

C．Open 命令的作用是打开一个已经存在的文件

D．使用 Input 语句可以从随机文件中读取数据

2．为了把一个记录型变量的内容写入文件中指定的位置，所使用的语句格式为（　　）。

A．Get 文件号，记录号，变量号　　B．Get 文件号，变量号，记录号

C．Put 文件号，变量号，记录号　　D．Put 文件号，记录号，变量号

3．在顺序文件中，当使用 Write 语句时，文件打开的方式是（　　）。

A．Output 和 Input　B．Output 或 Append　C．Output　　D．Append

4．若打开一个不存在的文件，下面访问形式错误的是（　　）。

A．Output　　B．Append　　C．Input　　D．Random

5．关于随机文件，下面说法错误的是（　　）。

A．记录可包含一个或多个字段　　B．随机文件的记录是定长的

C．可用 Input 语句读取数据　　D．可根据记录号对随机文件进行操作

二、填空题

1．文件是指________________________________的数据集合。

2．在 Visual Basic 中，按数据的存取方式和结构的不同，分为____________和____________。

3．在 Visual Basic 中，随机文件的处理是以____________为单位的。

4．文件系统控件分为____________、____________、____________3 种。

5．在文件中，如果当前的记录指针指向文件尾，则 EOF 函数的返回值为____________。

三、编程题

1．编写程序，创建登录窗体，利用文件保存用户名和密码，输入密码正确可以登录，否则提示错误，登录后显示密码的修改窗口。

2．编写程序，建立一个通讯录随机文件，可以实现查看、添加、删除功能。每个人的信息包括：姓名、工作单位、地址、电话、E-mail。

第9章 数据库

实验一 建立数据库

题目：建立图书馆查询管理数据库。

【实验目的】

（1）理解数据库的结构和表结构。

（2）掌握在VB环境中建立Access数据库和在数据库中添加表的方法。

（3）了解直接运用Access创建数据库的方法。

【实验内容】

（1）数据库表结构的建立；

（2）运用Access创建数据库；

（3）运用可视化数据管理器创建数据库。

【预备知识】

1．数据库的基本概念

数据库技术涉及许多基本概念，主要包括：数据、数据处理、数据库、数据库管理系统和数据库系统等。

（1）数据。

数据是指存储在某一种媒体上能够识别的物理符号。数据的概念包括两个方面：其一是描述事物特性的数据内容；其二是存储在某一种媒体上的数据形式。由于描述事物特性必须借助一定的符号，这些符号就是数据形式。数据形式可以是多种多样的，例如，某人的出生日期是“2001年2月17日”，也可以将该形式改写为“02/17/2001”，但其含义并没有改变。

数据的概念在数据处理领域已经大大拓宽了。数据不仅仅是指数字、字母、文字和其他特殊字符组成的文本形式的数据，而且还包括图形、图像、动画、影像、声音（包括语音、音乐）等多媒体数据。

（2）数据处理。

数据处理是指对各种形式的数据进行收集、存储、加工和传播的一系列活动。数据处理的目的之一是从大量的、原始的数据中抽取、推导出对人们有价值的信息以作为行动和决策的依据；目的之二是借助计算机科学地保存和管理复杂的、大量的数据，以便人们能够方便而充分地利用这些宝贵的信息资源。

（3）数据库。

数据库（DataBase）可以简单地理解为存放数据的仓库。只不过这个仓库是计算机的大容量存储器，例如，硬盘就是一种最常见的计算机大容量存储设备。数据必须按一定的格式存放，因为它不仅需要存放，而且还要便于查找。

可以认为数据是被长期存放在计算机内的、有组织的、可以表现为多种形式的可共享的数据集合。数据库技术使数据能按一定格式组织、描述和存储，且具有较小的冗余度、较高的数据独立性和易扩展性，并可为多个用户共享。

（4）数据库管理系统。

数据库管理系统（DataBase Management System，DBMS）是对数据库进行管理的系统软件，它的职能是有效地组织和存储数据、获取和管理数据，接受和完成用户提出的访问数据的各种请求。

（5）数据库系统。

数据库系统是指拥有数据库技术支持的计算机系统，它可以实现有组织地、动态地存储大量相关数据，提供数据处理和信息资源共享服务。数据库系统主要包括用户、数据库和数据库管理系统 3 个方面。

2．关系模型

在关系模型中，数据的逻辑结构是一张二维表。在数据库中，满足下列条件的二维表称为关系模型。

（1）每一列中的分量是类型相同的数据。

（2）列的顺序可以是任意的。

（3）行的顺序可以是任意的。

（4）表中的分量是不可再分割的最小数据项，即表中不允许有子表。

（5）表中的任意两行不能完全相同。

表 9-1 所示的 BookInfo（图书信息）表便是一个关系模型。

表 9-1　　BookInfo 表

图书编号	图书名称	类别代码	出版社	作者姓名	图书价格	图书页码	登记日期	是否借出
TP3120011203	VB 程序设计实用教程	001	人民邮电出版社	刘瑶	26	259	2011-1-1	否
TP3120011213	Access 实用教程	001	人民邮电出版社	江兆银	27	265	2011-8-1	是
TP3120011004	Delphi 程序设计基础	003	人民邮电出版社	张世明	29	276	2011-5-1	否

关系数据库采用关系模型作为数据的组织方式。

关系数据库以其严格的数学理论、使用简单灵活、数据独立性强等特点，被公认为是最有前途的一种数据库管理系统。它的发展十分迅速，目前已成为占据主导地位的数据库管理系统。自 20 世纪 80 年代以来，作为商品推出的数据库管理系统几乎都是关系型的，如 Oracle、

Sybase、Informix、Visual Foxpro 等。

3．关系数据库的基本结构

关系型数据库是许多相关数据根据一定的原则构成的数据集合。一个数据库由一个或多个数据表（Table）组成，如图书查询管理系统中有图书信息表、读者信息表、借阅信息表和图书类别表。

数据表中的一列称为一个字段或域（Field），表中的一行数据称为一条记录（Record），同一个表中的字段不允许重名，表中同一字段的数据类型相同，所有记录具有同样的字段 。

4．创建数据库

Visual Basic 可以直接使用的数据库文件为 mdb 文件。可以使用 Office 软件包中的 Access 组件创建数据库，还可以使用 Visual Basic 自带的可视化数据管理器创建。

目前在数据库的应用程序中，一般使用前后台分开设计的方法。前台用户界面用 VB 制作，后台数据库用 Access 实现。这样既可以提供友好的用户界面，又能方便数据库的管理，保证数据的安全。

5．使用 Access 创建 Access 数据库

使用 Access 创建数据库的方法如下。

（1）启动 Access 应用程序。

启动 Access 应用程序（与启动 Office 中其他应用程序的方法一样），选择“文件”菜单中的“新建”命令，显示图 9-1 所示的“新建文件”对话框。

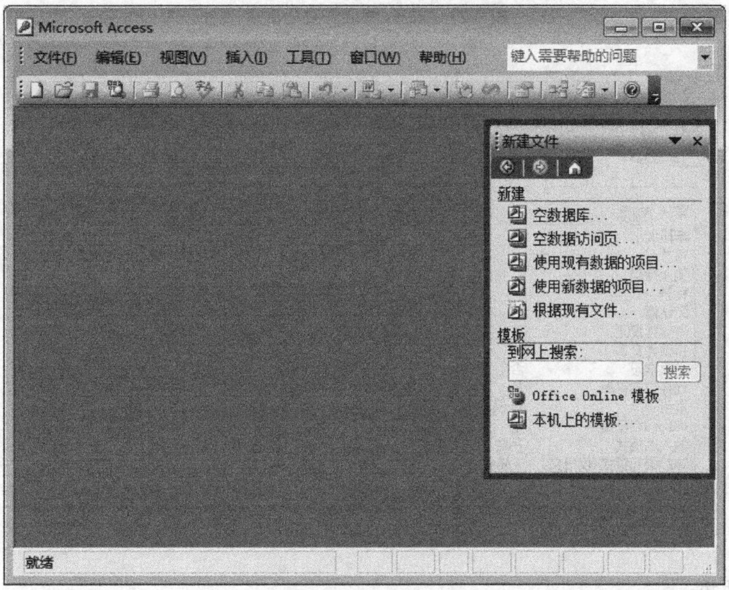

图 9-1 “新建文件”对话框

在“新建文件”对话框中选择“空数据库”，在弹出的“文件新建数据库”对话框中选择合适的路径和文件名，单击“创建”按钮，这样就建立了 Access 数据库（空数据库），并进入 Access 集成开发环境窗口，如图 9-2 所示。

（2）创建表。

在 Access 数据库窗口的“对象”中选择“表”，如图 9-2 所示，有 3 种方式可创建表，

这里以使用设计器创建表为例。单击“使用设计器创建表”，打开表结构设计窗口，如图 9-3 所示。在表结构设计窗口中输入字段的属性，命名并保存后关闭该窗口。

若要修改表结构，在 Access 数据库窗口中选择已建立的表，右击，在弹出菜单中选择“设计视图”命令，打开表结构设计窗口，修改表结构。

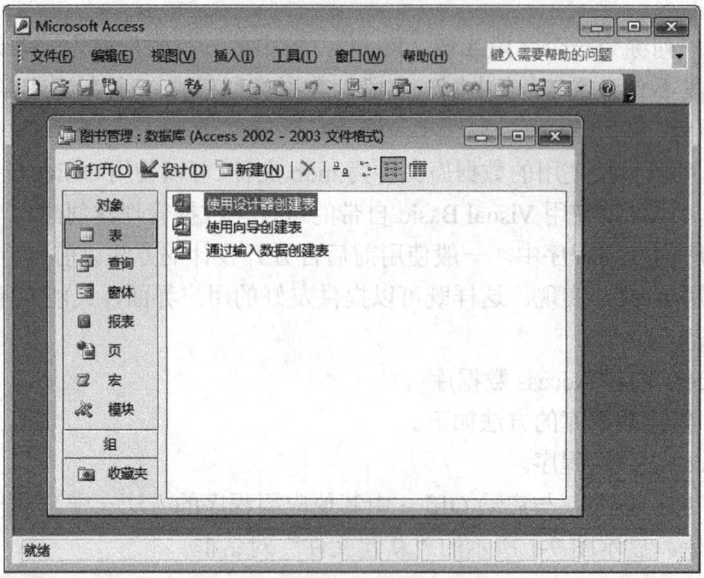

图 9-2 Access 集成开发环境窗口

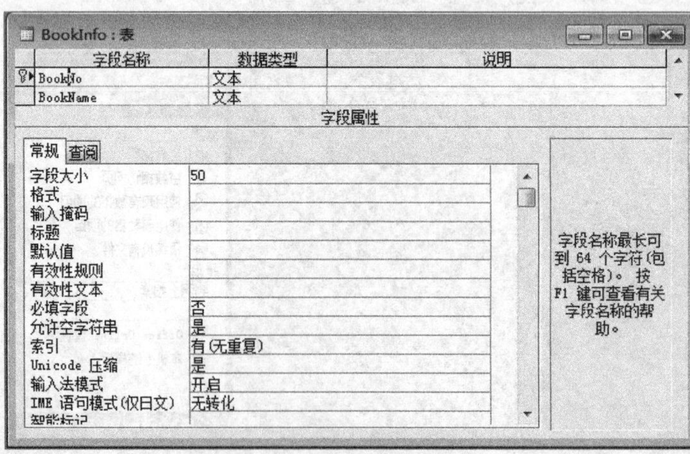

图 9-3 表结构设计窗口

（3）添加数据。

在 Access 数据库窗口中选择已建立的表，右键单击，在弹出菜单中选择“打开”命令，在打开的表窗口中录入数据，如图 9-4 所示。

（4）转换数据库。

对于使用 Office 2003 或 Office 2003 以上版本的用户，如果数据库要与 VB 中的 Data 控件联用，需要将数据库转换成低版本。在 Access 主菜单中依次选择“工具”→“数据库实用工具”→“转换数据库”→“转为 Access97 文件格式”或“转为 Access 2000 文件格式”命令，如图 9-5 所示，在随后弹出的对话框中输入新的数据库名称并保存。

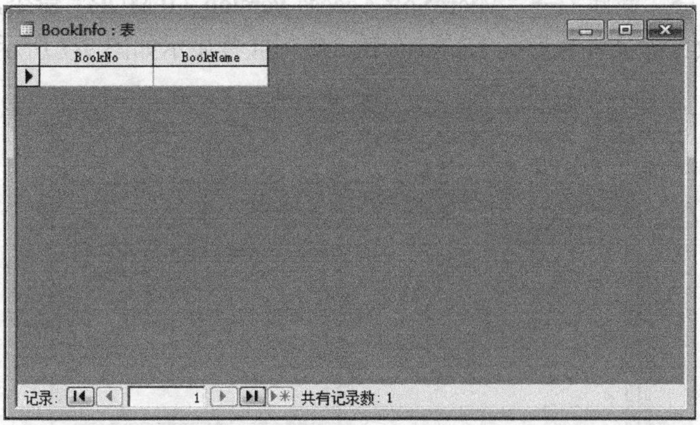

图 9-4　录入数据

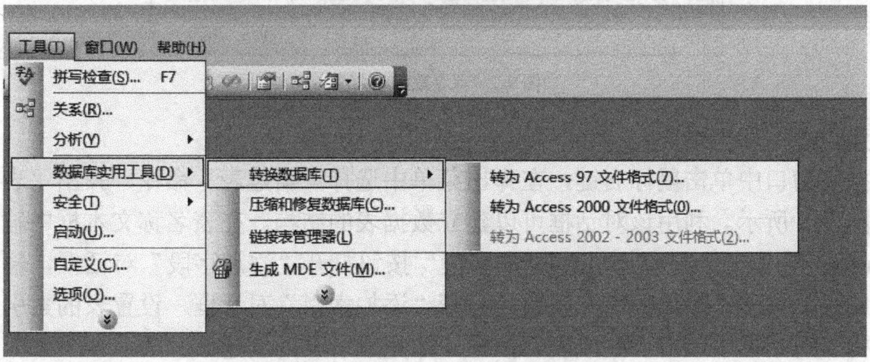

图 9-5　Access 数据库版本转换对话框

6．运用 VB 提供的可视化数据管理器

通过 VB 提供的可视化数据管理器，不仅可以建立数据库，还可以修改数据库结构、插入或删除记录等。步骤如下。

（1）启动数据管理器。

在 VB 的集成开发环境窗口中，选择“外接程序”菜单中的“可视化数据管理器”命令，进入数据库设计界面，如图 9-6 所示。

图 9-6　数据管理器

（2）建立数据库。

选择“文件”→“新建”→“MicroSoft Access Version 7.0 MDB”命令，在出现的对话框中，将要建立的数据库文件保存为 LibraryDB.mdb，屏幕显示如图 9-7 所示。

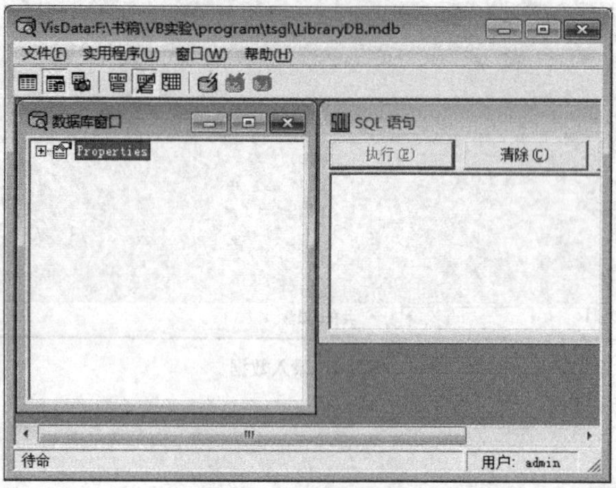

图 9-7　保存数据库文件

（3）建立数据库表结构。

在数据库窗口中单击鼠标右键，在弹出菜单中选择“新建表”命令，弹出“表结构”对话框，如图 9-8 所示。利用该对话框可以建立数据表的结构。在表名称文本框中输入表名，如 BookInfo（图书信息表）。单击“添加字段”按钮打开“添加字段”对话框，输入字段名称及相关属性。单击“添加索引”按钮，打开“添加索引”对话框，设置表的索引。完成后在“表结构”对话框中单击“生成表”按钮，即完成了表的创建。

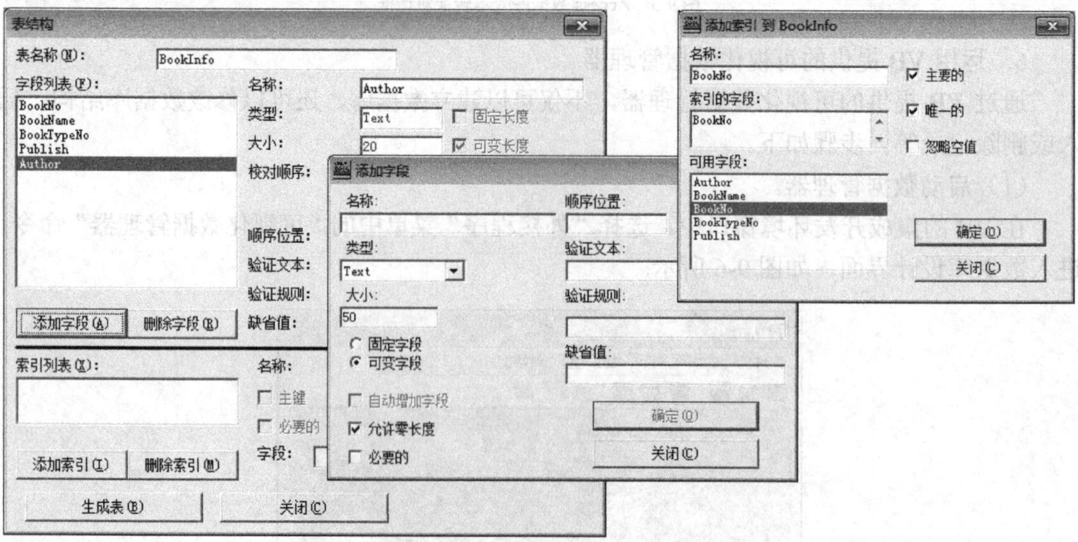

图 9-8　创建表结构对话框

（4）添加数据。

在数据管理器的“数据库窗口”中右击表名“BookInfo”，在弹出的快捷菜单中选择“打开”命令，弹出“输入记录”对话框，如图 9-9 所示。在对话框中添加数据。

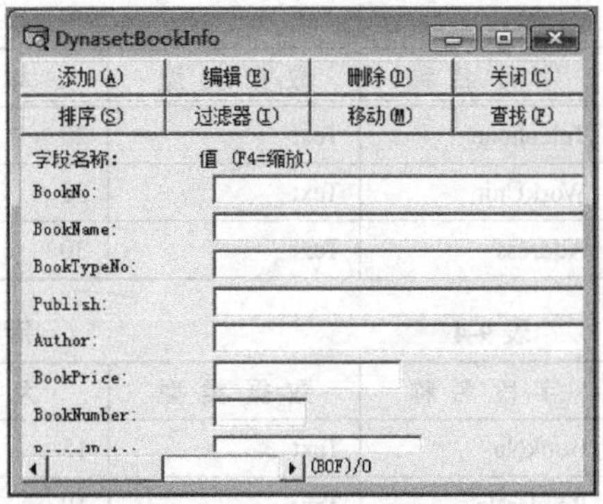

图 9-9 “输入记录”对话框

【实验步骤】

1．设计数据库结构

（1）需求分析。

为了更好地适应读者的借阅需求，缓解手工管理存在的弊端，创建图书查询管理系统。图书查询管理系统向用户提供全方位的信息服务，具有以下几个特点。

- 可以存储所有馆中图书的资料以及借阅人员的情况，具有安全、高效的特性。
- 只需 1～3 名档案录入人员即可操作系统，可节省大量人力。
- 可以迅速查到所需信息。

用户的需求可分为 4 个方面：第一，图书馆工作人员通过计算机来管理各类图书，分类编号，调整图书结构，增加图书库存，适应读者的需求；第二，读者能通过计算机查询浏览图书馆中的图书来确定自己需要的书籍，为借阅做好准备；第三，工作人员能全面掌握读者的借书情况，及时得到每个读者的当前借阅状态和历史借阅记录；第四是核心工作，对图书的借阅管理。

（2）表结构设计。

根据以上需求分析及数据库设计的规范化要求，该系统的数据库设计如表 9-2~表 9-5 所示。

表 9-2　　图书信息表（BookInfo）

字段名称	数据类型	大 小	允许为空	是否主键	备 注
BookNo	Text	15	N	Y	图书编号
BookName	Text	30	Y	N	图书名称
BookTypeNo	Text	5	Y	N	类别代码
Publish	Text	30	Y	N	出版社
Author	Text	20	Y	N	作者姓名
BookPrice	Single		Y	N	图书价格
BookNumer	Integer		Y	N	图书页码
RecordDate	Date/Time		Y	N	登记日期
IsLend	Boolean		Y	N	是否借出

表 9-3　　读者信息表（ReaderInfo）

字段名称	数据类型	大 小	允许为空	是否主键	备 注
ReaderNo	Text	10	N	Y	读者编号
ReaderName	Text	10	Y	N	读者姓名
ReaderSex	Text	2	Y	N	读者性别
CertiDate	Date/Time		Y	N	办证日期

续表

字段名称	数据类型	大　小	允许为空	是否主键	备　注
Telephone	Text	20	Y	N	联系电话
WorkUnit	Text	30	Y	N	工作单位
Address	Text	30	Y	N	家庭地址

表 9-4　借阅信息表（LendInfo）

字段名称	数据类型	大　小	允许为空	是否主键	备　注
BookNo	Text	15	N	Y	图书编号
ReaderNo	Text	10	N	Y	读者编号
BorrowDtae	Date/Time		N	Y	借书日期
ReturnDate	Date/time		Y	N	还书日期
Overdays	Integer		Y	N	超出天数
Fine	Single		Y	N	罚款金额

表 9-5　图书类别表（BookType）

字段名称	数据类型	大　小	允许为空	是否主键	备　注
BookTypeNo	Text	5	N	Y	类别代码
BookTypeName	Text	20	N	N	图书类别

2．用可视化数据管理器创建数据库及图书信息表

（1）参考预备知识 6，创建数据库 LibraryDB.mdb，建立图书信息表 BookInfo。

（2）为 BookInfo 表添加数据，数据可参考表 9-1。

【知识拓展与思考】

1．修改表结构，修改 Publish 字段的长度为 25。

在数据库窗口右击表名，在弹出的快捷菜单中选择“设计…”命令，打开表结构对话框，先将 Publish 字段删除，然后重新添加字段。

2．完成“图书馆查询管理数据库”中其他表结构的设计，并为每张表添加 5 条记录。

实验二　记录的访问

题目：建立图书信息管理程序，管理图书馆查询管理数据库中的图书信息，具有添加、删除、浏览、查询记录等功能。

【实验目的】

（1）掌握 Ado Data 控件的主要属性、事件及方法。

（2）熟练使用 DataGrid 控件浏览数据库记录的方法。

（3）熟练使用 Ado Data 控件直接操纵数据库的方法。

（4）熟练使用 Ado Data 控件结合代码操纵数据库的方法。

【实验内容】

（1）Ado Data 控件的属性设置。

（2）数据绑定控件的属性设置。

（3）记录的添加、删除、浏览及查询操作。

【预备知识】

1．Ado Data 控件的主要属性、事件与方法

（1）ConnectionString 属性。

Ado Data 控件的 ConnectionString 属性是一个字符串，可以包含进行一个连接所需的所有设置值。

（2）CommandType 属性。具体命令类型见表 9-6。

表 9-6 记录源命令类型表

值	VB 常量	含 义
1	adCmdText	文本类型。在“命令文本”框中输入创建命令对象所使用的 SQL 语句
2	adCmdTable	表类型。在“表或存储过程名称”下拉列表框中选择一个表的名称
4	adCmdStoredProc	存储过程。在“表或存储过程名称”下拉列表框中选择一个查询的名称
8	adCmdUnknow	未知类型，缺省值。在“命令文本”框中输入创建命令对象所使用的 SQL 语句

（3）RecordSource 属性。数据源的取值类型由 CommandType 属性决定。

（4）RecordSet 属性。

返回或设置对下一级 ADO Recordset 对象的引用。利用 RecordSet 属性，可以使用 ADO 的 ADODB.Recordset 对象的方法、属性和事件。必须在代码中用 Set 语句设置 RecordSet 属性，例如：

```
Dim rsBook as ADODB.Recordset
Set Adodc1.Recordset=rsBook
```

（5）BOF 和 EOF 属性。这两个属性的状态决定了记录指针在记录集中的位置。当记录指针指向记录集中的首记录之前时，BOF 的值为 True；当记录指针指向记录集中的末记录之后时，EOF 的值为 False；当 BOF 和 EOF 属性均为 True 时，当前记录集为空记录集。

（6）Refresh 方法。

Refresh 方法用来重新建立或显示与 Ado Data 控件相连的数据库记录集。如果在程序代码中改变了 ConnectionString、RecordSource 等属性的值，就必须用 Refresh 方法来刷新记录集。Refresh 方法的语法如下。

```
Adodc1.Refresh
```

2．绑定控件与 DataGrid 控件

具有 DataSource 与 DataField 属性的控件都可以与记录集绑定以显示记录集中的数据，如文本框、标签等，这类控件称为绑定控件。

DataGrid 控件是一种类似于电子数据表的绑定控件，可以显示一系列行和列来表示

Recordset 对象的记录和字段。可以使用 DataGrid 来创建一个允许最终用户阅读和写入绝大多数数据库的应用程序。DataGrid 控件可以在设计时快速进行配置，只需少量代码或无需代码。

将 DataGrid 控件引入 VB 项目中：在 VB 开发环境中选择“工程”→“部件”命令，弹出如图 9-10 所示的“部件”对话框，在“控件”选项卡中选择“Microsoft DataGrid Control 6.0（OLEDB）”控件，然后单击“确定”按钮，将 DataGrid 控件引入当前的 VB 项目中。

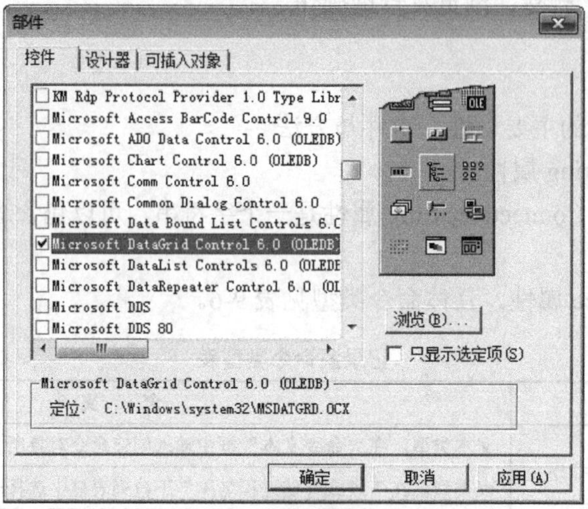

图 9-10　引入 DataGrid 控件

DataSource 属性：当在设计时设置了 DataGrid 控件的 DataSource 属性后，就会用数据源的记录集来自动填充该控件，并自动设置该控件的列表头。

3．使用 Ado Data 控件直接操纵数据库

使用 Ado Data 控件访问数据库，可以完全不用编写代码，只需通过简单设置和修改其属性就可以实现与数据库的连接，通过设置绑定控件的属性就能提供一个访问数据库的界面，用来对数据库数据进行浏览、添加、删除、修改等操作。

例 9-1　通过 DataGrid 控件显示图书信息。

步骤如下。

（1）创建 VB 项目。

（2）打开如图 9-10 所示的“部件”对话框，选择“Microsoft ADO Data Control 6.0（OLEDB）”和“Microsoft DataGrid Control 6.0（OLEDB）”控件，然后单击“确定”按钮，将 Ado Data 控件和 DataGrid 控件引入 VB 项目中。

（3）向窗体中添加 Ado Data 控件和 DataGrid 控件。

（4）在 Ado Data 控件上单击鼠标右键，在弹出的快捷菜单中选择“ADODC 属性”命令，打开“属性页”对话框，如图 9-11 所示。

（5）在“通用”选项卡中，选择“使用连接字符串”单选按钮，并单击“生成”按钮，打开“数据链接属性”对话框，如图 9-12 所示。使用该对话框可以方便地建立与数据源的连接。

（6）在“数据链接属性”对话框中，选择数据源提供者程序，本例选择 Microsoft Jet 4.0 OLE DB Provider，然后单击“下一步”按钮。切换到“连接”选项卡，如图 9-13 所示，设置使用的数据源。可以选择或输入数据库名称，单击文本框旁边的“…”按钮，选择本章实

验一创建的数据库“LibraryDB.mdb”。单击“测试连接”按钮，测试刚才的连接是否正确及数据库是否可用。如果当前设置的数据源可用，则弹出一个连接成功的对话框，如图 9-14 所示。否则给出警告连接失败。

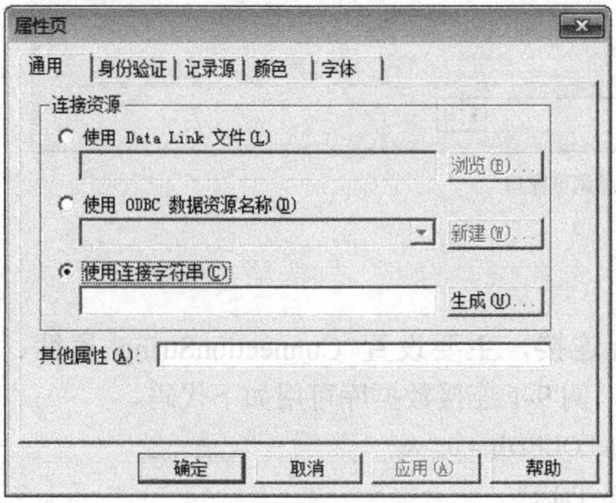

图 9-11 “属性页”对话框

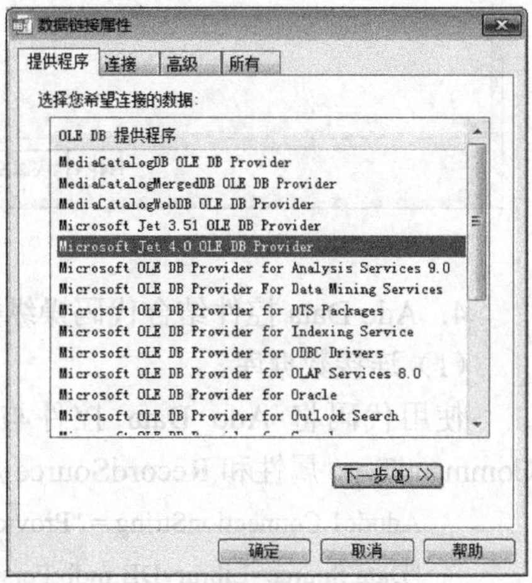

图 9-12 “数据链接属性”对话框

（7）关闭“数据链接属性”对话框。在“属性页”对话框中选择“记录源”选项卡，如图 9-15 所示。在“命令类型”下拉列表框中选择用于记录源的命令类型。可用的命令类型见表 9-6。

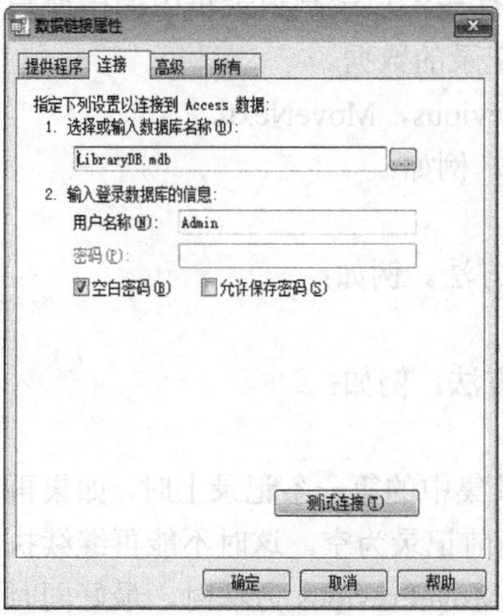

图 9-13　数据链接属性对话框

图 9-14 “连接成功”信息框

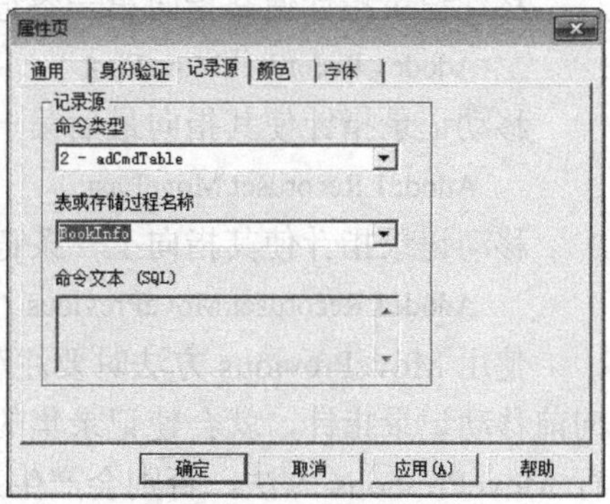

图 9-15 ADODC 属性页

（8）本例选择 2-adCmdTable，在“表或存储过程名称”下拉列表框中选择“BookInfo”。单击“确定”按钮，关闭对话框，完成 Ado Data 控件的属性设置。

（9）选中 DataGrid1 对象，在属性窗口中设置 RecordSource 属性为“Adodc1”。

（10）在 VB 集成环境中单击“运行”按钮，即可浏览图书信息。运行结果如图 9-16 所示。

（11）单击“保存”按钮，将工程保存为 prj_9_1.vbp，将窗体文件保存为 frm_9_1.frm。

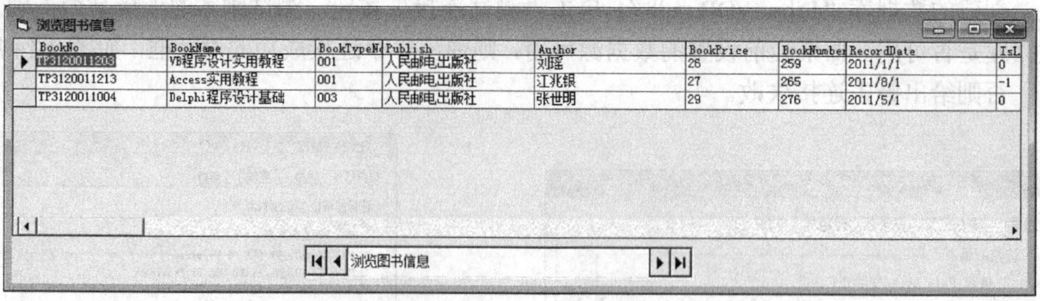

图 9-16 图书信息浏览窗口

4．Ado Data 控件结合代码操纵数据库

（1）连接数据库。

使用代码将 Ado Data 控件与数据库进行连接，主要设置 ConnectionString 属性、CommandType 属性和 RecordSource 属性。例如，例 9-1 连接数据库可用如下代码。

```
Adodc1.ConnectionString = "Provider=Microsoft.Jet.OLEDB.4.0;" & _
"Data Source=LibraryDB.mdb;Persist Security Info=False"
Adodc1.CommandType =adCmdTable
Adodc1.RecordSource = "BookInfo"
```

（2）移动记录。

移动记录是指在一个记录集中来回移动当前记录指针或者改变当前记录。

当前记录是记录集中可被访问的记录，在任何时刻只有一条记录是记录集中的当前记录，与 Ado Data 控件绑定的绑定控件中显示的数据也是该记录的数据。

移动记录指针的方法有 MoveFirst，MoveLast，MovePrevious，MoveNext。

移动记录指针使其指向第一条记录使用 MoveFirst 方法。例如：

```
Adodc1.Recordset.MoveFirst
```

移动记录指针使其指向最后第一条记录使用 MoveLast 方法。例如：

```
Adodc1.Recordset.MoveLast
```

移动记录指针使其指向上一条记录使用 MovePrevious 方法。例如：

```
Adodc1.Recordset.MovePrevious
```

使用 MovePrevious 方法时要注意，当记录指针位于记录集中的第一条记录上时，如果再向前移动记录指针，就会使记录集的 BOF 属性为 True，当前记录为空，这时不能再继续执行 MovePrevious 方法，否则会产生系统错误。因此在使用 MovePrevious 方法时，最好同时用如下代码判断 BOF 属性的值，防止出错。

```
Adodc1.Recordset.MovePrevious
If Adodc1. Recordset.BOF Then
  Adodc1.Recordset.MoveFirst
End If
```

移动记录指针使其指向下一条记录使用 MoveNext 方法。与 MovePrevious 方法类似，使用 MoveNext 方法向后移动记录指针时要判断 EOF 属性。代码如下。

```
Adodc1.Recordset.MoveNext
```

```
If Adodc1. Recordset.EOF Then
  Adodc1.Recordset.MoveLast
End If
```

（3）添加新记录。

添加新记录的主要步骤如下。

使用 AddNew 方法创建一条空的新记录，系统将保存当前记录指针并移动到该新记录。

给新记录的各字段赋值。可以直接在绑定控件中输入也可通过代码输入。

给各字段赋值的代码如下。

```
Adodc1.Recordset.AddNew                           '创建一条新记录
Adodc1.Recordset("BookNo") = "ISBN97875342"       '给字段赋值
Adodc1.Recordset("BookName") = "绿野仙踪"
……
Adodc1.Recordset.Update                            '保存新记录
```

用 Update 方法保存新记录，同时将当前记录指针恢复为原值。

（4）编辑当前记录。

要改变数据库中的数据，必须先把要编辑的记录设为当前记录，然后在被绑定的数据绑定控件中完成修改。要保存数据的修改，只需把当前记录指针移动到其他记录上，或者使用 Update 方法保存数据。

编辑当前记录的步骤如下。

把记录指针定位到要编辑的记录上。

修改当前记录中各个字段的值。直接使用赋值语句或先使用 Edit 方法，然后在绑定控件中修改各字段的值。

保存数据的修改。

例如，修改图书“绿野仙踪”的价格为 11 元，代码如下。

```
Adodc1.Recordset.Find "Bookname='绿野仙踪'"
If Not Adodc1.Recordset.EOF Then
  Adodc1.Recordset("bookprice") = 11
  Adodc1.Recordset.Update
Else
  MsgBox "没有该图书的记录!"
End If
```

（5）删除记录。

要在记录集中删除一条记录，首先将记录指针定位到要删除的记录上，然后使用 Delete 方法删除该记录。

注意：每次删除后，在移动到其他记录前，已删除的记录将保持为当前状态，必须使用 Move 方法来改变当前记录，因为已删除的记录不包含有效数据，继续访问将导致错误。

（6）查找记录。

使用 Move 方法可以在记录集中每次移动一条记录、移动到第一条记录或最后一条记录。有时需要根据一些条件，快速定位到某条记录，这时可以使用 Find 方法。Find 方法的语法如下。

Adodc1.Recordset.Find strCritera

其中 strCritera 是查询条件。比较只是针对表中的单个字段，比较符有“=”、“<”、“>”、“LIKE”、“<=”、“>=”。

【实验步骤】

“图书管理”程序运行界面如图 9-17 所示，主要完成图书管理的功能，包括添加、删除、修改、查询图书信息。用户可以根据使用的需要，单击窗体中相应的按钮进入不同的操作。

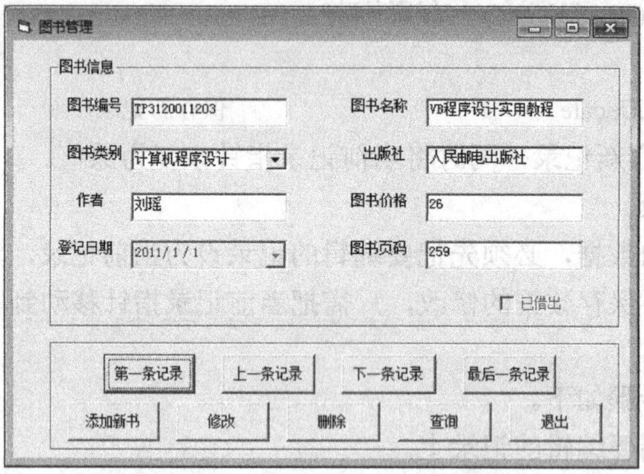

图 9-17 “图书管理”程序运行界面

1．引入控件

按照预备知识部分的介绍引入控件，引入 Ado Data 控件、Data Grid 及 DTPicker 控件到工程中。

2．创建界面

参考图 9-17 向窗体中添加对象，主要对象的属性设置如表 9-7 所示。所有文本框与组合框的 Locked 属性都设为 True，复选框的 Enabled 属性设为 False。添加控件数组 Command2（0）~Command2（3），标题分别设为“第一条记录”、“上一条记录”、“下一条记录”、“最后一条记录”。

表 9-7 “图书管理”窗体及控件的属性设置

控　件	属　性	设 置 值	控　件	属　性	设 置 值
Form	Name Caption	frmManage 图书管理	CommandButton	Name Caption	cmdFind 查询
DataGrid	Name Datasource	Datagrid1 Adodc1	CommandButton	Name Caption	cmdExit 退出
CommandButton	Name Caption	cmdAdd 添加新书	CommandButton	Name Caption	cmdDel 删除
CommandButton	Name Caption	cmdEdit 修改	DTPicker	Name Enabled	Dtp1 false

续表

控　件	属　性	设 置 值	控　件	属　性	设 置 值
Adodc	Name	Adodc2	Adodc	Name	Adodc1
	Connectionstring	Provider=Microsoft. Jet.OLEDB.4.0;Data Source=Library DB. mdb;Persist Security Info=False		Connectionstring	Provider=Microsoft. Jet.OLEDB.4.0;Data Source=Library DB. mdb;Persist Security Info=False
	commandtype	adcmdunknow		commandtype	adcmdunknow
	Recordsource	BookType		Recordsource	BookInfo

3．程序工作流程

该窗体加载时 Ado Data 控件要进行数据库的连接，同时在 Data Grid 控件中显示；窗体上部框架中显示当前记录的详细信息，初始化组合框的选项。

单击“第一条记录”、“上一条记录”、“下一条记录”、“最后一条记录”按钮时，记录指针会移动相应的记录，实现记录的浏览功能。

单击“添加新书”按钮，用户在窗体上部的图书信息区录入新书信息，然后单击“确认”按钮，便会将该图书信息插入数据库中。

单击“修改”按钮时，用户可以在图书信息区修改当前图书信息。

单击“删除”按钮时，首先询问用户是否确定要删除该图书信息，在用户确认后删除当前选中的图书信息。

单击“查询”按钮时，首先会提示用户输入要查找的图书编号，然后查找相应的图书。

单击“退出”按钮，结束程序。

4．编写程序代码

（1）窗体加载事件，初始化“图书类别”组合框。

```
Private Sub Form_Load()
  Adodc2.Refresh
  If Not Adodc2.Recordset.EOF Then                    '设置组合框默认值
  Combo1.Text = Adodc2.Recordset.Fields(1).Value
  End If
  While Not Adodc2.Recordset.EOF                      '初始化组合框的选项
     Combo1.AddItem Adodc2.Recordset.Fields(1).Value
     Adodc2.Recordset.MoveNext
  Wend
End Sub
```

（2）“添加新书”按钮单击事件。

当单击“添加新书”按钮时，调用 AddNew 方法，将所有文本框、组合框、DTPicker 对象设置为可编辑状态，将其他命令按钮变为灰显，以防误操作。等待用户输入图书信息。当单击“确认”按钮时，将组合框中输入的图书类别名称转换为图书类别编号，然后调用 Update 方法更新数据库，将所有文本框、组合框、DTPicker 对象设置为不可编辑状态，将所有命令按钮设为可访问状态。参考代码如下。

```
Private Sub Cmdadd_Click()
  Dim imsg As Integer, booknum As String
  Dim i As Integer, bookcount As Integer
  Dim sqlstr As String
  If cmdAdd.Caption = "添加新书" Then      '单击"添加新书"按钮
    Adodc1.Recordset.AddNew
    txtno.SetFocus
    txtno.Locked = False
    txtname.Locked = False
    combo1.Locked = False
    txtpublish.Locked = False
    txtauthor.Locked = False
    txtprice.Locked = False
    txtnum.Locked = False
    DTP1.Enabled = True
    cmdEdit.Enabled = False
    cmdDel.Enabled = False
    cmdFind.Enabled = False
    CmdExit.Enabled = False
    For i=0 To 3
      Command2(i).Enabled=False
    Next
    cmdAdd.Caption = "确认"
  Else                                      '单击"确认"按钮
    If Trim(txtno) = "" Then
      MsgBox "图书编号必须输入,请输入新书编号!", ,"图书管理"
      txtno.SetFocus
      Exit Sub
    End If
    '将图书类别名称转换为图书类别编号
    sqlstr = "select * from BookType where BookTypeName='" & Trim(combo1.Text) & "'"
    Adodc2.RecordSource = sqlstr
    Adodc2.Refresh
    Adodc1.Recordset("booktypeno") = Adodc2.Recordset.Fields(0)
    Adodc1.Recordset.Update
    txtno.Locked = True
    txtname.Locked = True
    combo1.Locked = True
```

```
        txtpublish.Locked = True
        txtauthor.Locked = True
        txtprice.Locked = True
        txtnum.Locked = True
        DTP1.Enabled = False
        For i=0 To 3
          Command2(i).Enabled=True
        Next
        cmdEdit.Enabled = True
        cmdDel.Enabled = True
        cmdFind.Enabled = True
        CmdExit.Enabled = True
        cmdAdd.Caption = "添加新书"
    End If
End Sub
```

（3）“修改”按钮单击事件。

当单击“修改”按钮时，将所有文本框、组合框、DTPicker对象设置为可编辑状态，将其他命令按钮变为灰显，以防误操作。等待用户修改图书信息。当单击“确认”按钮时，将组合框中输入的图书类别名称转换为图书类别编号，将所有文本框、组合框、DTPicker对象设置为不可编辑状态，将所有命令按钮设为可访问状态。代码参考“添加新书”按钮事件过程。

（4）“删除”按钮单击事件。

当单击“修改”按钮时，提示用户是否真的要删除当前图书信息，若是则调用Delete方法删除当前记录，并将记录指针指向下一条记录，否则直接返回。

```
Private Sub cmdDel_Click()
'删除图书信息
  Dim imsg As Integer
 imsg = MsgBox("是否真的要删除编号为" + txtno.Text + "的图书信息", vbYesNo, "提示")
  If imsg = vbYes Then
    Adodc1.Recordset.Delete
    Adodc1.Recordset.MoveNext
   If Adodc1.Recordset.EOF Then Adodc1.Recordset.MoveLast
  End If
End Sub
```

（5）“查询”按钮单击事件。

当单击“查询”按钮时，提示用户输入图书编号，根据输入的图书编号查询，若存在则显示查找到的图书信息，否则提示用户输入的图书编号不存在。参考代码如下。

```
Private Sub cmdFind_Click()
'根据图书编号查询
```

```
    Dim s As String
    s = UCase(InputBox("请输入图书编号:", "图书查询"))
    Adodc1.Refresh
    Do While Not Adodc1.Recordset.EOF
      If Adodc1.Recordset.Fields(0).Value = s Then Exit Do
      Adodc1.Recordset.MoveNext
    Loop
    If Adodc1.Recordset.EOF Then
        MsgBox ("对不起，找不到您要的图书信息!")
    Else
      MsgBox ("恭喜您!找到了，请浏览!")
    End If
  End Sub
```

（6）移动记录指针事件过程。参考代码如下。

```
  Private Sub Command2_Click(Index As Integer)
    Select Case Index
      Case 0              '记录指针移动到第一条记录
        Adodc1.Recordset.MoveFirst
      Case 1              '记录指针移动到前一条记录
        Adodc1.Recordset.MovePrevious
        If Adodc1.Recordset.BOF Then Adodc1.Recordset.MoveFirst
      Case 2              '记录指针移动到下一条记录
        Adodc1.Recordset.MoveNext
        If Adodc1.Recordset.EOF Then Adodc1.Recordset.MoveLast
      Case 3              '记录指针移动到最后一条记录
        Adodc1.Recordset.MoveLast
    End Select
  End Sub
```

5．程序运行和调试

（1）按 F5 键运行程序，检查程序窗口中图书信息框架文本框是否显示信息，命令按钮是否可用，文本框内容是否可以修改。

（2）单击“添加新书”按钮，观察文本框中是否能输入内容，命令按钮的标题是否有变化，其他命令按钮是否可以使用。

（3）向文本框中输入新书内容，注意日期和图书类别的输入，输入完后，单击“确认”按钮。注意 Data Grid 控件中是否增加了新的记录，图书类别编号输入是否正确。此时文本框的内容还能改变吗？

（4）选择要修改的记录，单击“修改”按钮，修改图书类别，观察 Data Grid 控件中相应记录图书类别字段的变化。

（5）选择最后一条记录，单击“删除”按钮，系统是否有提示，确认删除后记录是否还存在，此时记录指针指向哪一条记录？若删除的不是最后一条记录，删除后，记录指针指向哪条记录？

（6）单击“查询”按钮，系统是否弹出输入框？输入错误的图书编号后，会有什么提示？输入一个存在的图书编号，是否能在窗口中显示当前记录的内容？

（7）单击“退出”按钮，检查程序是否会退出。检查按Esc键时程序是否退出。

6．程序改进

（1）在表BookInfo中图书编号（BookNo）是关键字，本程序中添加新记录时，输入的新图书编号如果与原数据库中存在的图书编号重复，程序将会出错。在添加新书信息保存前，对新书的图书编号进行有效性检查，以免插入重复数据，检查合格再插入数据库中。

（2）添加新书还没保存时，除了“确认”按钮外，其他所有的按钮都灰显，以防误操作。此时单击窗体右上角的“关闭”按钮也可以关闭程序，但系统会报错。为避免这个错误的发生，可以在窗体UnLoad事件过程中做有效性检查，判断是否已经保存了数据。

（3）当单击“退出”按钮时，加上一些提示信息，如“您正退出图书管理程序，确实要退出吗？”，使系统界面更友好。

7．保存文件

单击“保存”按钮，将窗体文件保存为Frm_9_2.frm，工程文件保存为Prj_9_2.vbp。

【拓展与思考】

1．参考实验步骤完成读者信息管理功能模块。

2．参考实验步骤完成图书类别管理功能模块。

【习题与思考】

一、选择题

1．以下说法错误的是（　　）。

A．一个表可以构成一个数据库

B．多个表可以构成一个数据库

C．同一记录中的各数据项具有相同的类型

D．同一个字段的数据具有相同的类型

2．Microsoft Access数据库文件的扩展名是（　　）。

A．dbf　　B．exl　　C．mdb　　D．db

3．通过设置Ado Data控件的（　　）属性可以建立该控件到数据源的链接。

A．RecordSource　　B．RecordSet

C．ConnectionString　　D．Database

4．当BOF属性为True时，表示（　　）。

A．当前记录指针指向记录集的第一条记录

B．当前记录指针指向记录集的第一条记录之前

C．当前记录指针指向记录集的最后一条记录

D．当前记录指针指向记录集的最后一条记录之后

5．VB 中，Access 数据库属于（ ）。

A．本地数据库　　　　B．网络数据库

C．外部数据库　　　　D．远程数据库

二、填空题

1．一个数据库可以有______个表，表中的________称为记录，表中的______称为字段。

2．要使 Data Grid 控件能够显示数据库记录集中的数据，必须在设计或在运行时设置该控件的_______属性。

3．使用 Ado Data 控件等非 VB 内部控件之前，必须通过“部件”对话框将其添加到工程中。如 Data Grid 控件，需要在“部件”对话框中选择__________项，把它添加到工具箱中。

三、编程题

1．创建一个数据库 student.mdb，包含一张“学生”表，表结构如表 9-8 所示。

表 9-8　　学生表

字段名称	数据类型	大小	允许为空	是否主键	备注
学号	Text	11	N	Y	学号
姓名	Text	8	Y	N	学生姓名
年龄	Integer		Y	N	学生年龄
性别	Boolean		Y	N	学生性别
出生日期	Date/Time		Y	N	学生出生日期
电话	Text	13	Y	N	学生电话
地址	Text	50	Y	N	家庭住址

2．利用上题建立的数据库，建立“学生管理”程序，要求具有学生信息的添加、删除、浏览及按学号或姓名查询学生信息的功能。

实训指导

实训一　简单计算器

题目：四则运算计算器程序。

【实验目的】

（1）掌握控件数组的使用。
（2）掌握 Select Case 语句的使用。

【实验内容】

（1）创建控件数组。
（2）通过程序创建并显示控件数组。
（3）控件数组事件和 Index 参数的使用。
（4）利用 Select Case 语句实现多分支条件选择。

【预备知识】

在 VB 中，控件数组和普通控件的区别在于是否设置控件属性 Index，以及是否会对同一类事件做出相同的反应。

创建控件数组有以下 3 种方法。

1．简单复制法

选择某一控件，复制并粘贴，系统弹出如图 10-1 所示的对话框，单击“是”按钮就可以创建控件数组。

2．重新命名法

通过属性窗口，将两个相同类型、相同控件的 Name 属性设置为同一名称，也会弹出如图 10-1 所示的对话框，单击“是”按钮即可。

3．程序创建法

设置控件的 Index 属性为 0，即可通过编程实现控件数组的添加，本实验就是采用的该方法，详细方法在“实验步骤”中介绍。

【实验步骤】

创建图 10-2 所示的窗体及其相关控件，步骤如下。

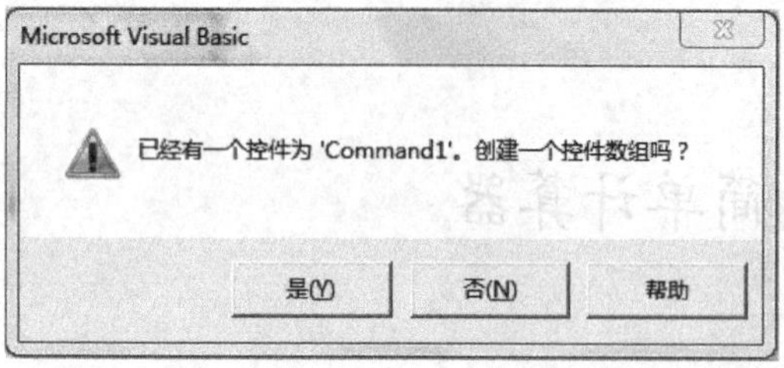

图 10-1　创建控件数组

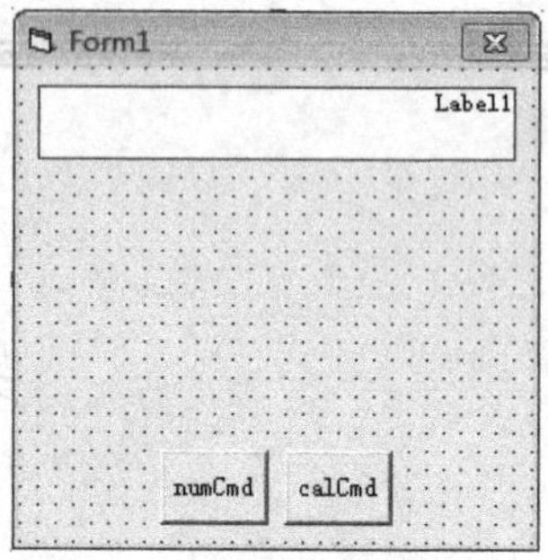

图 10-2　计算器程序界面

1．创建界面

启动 VB，新建窗体 Form1，添加文本框 Label1 和控件数组 numCmd 和 calCmd，numCmd 是数字按钮控件，calCmd 是运算符按钮控件。

2．设置对象属性

控件属性除极少部分需利用属性窗体设置外，基本通过编写事件程序来设置，具体属性如表 10-1 所示。

表 10-1　“计算器程序”窗体及控件的属性设置

控　件	属　性	设 置 值
Form	Name BorderStyle StartUpPosition	Form1 3 2
Label	Name Alignment BackColor BorderStyle Appearance	Label1 1 &H80000005& 1 0

3．编写程序代码

```
Option Explicit
Dim x1 As Double
Dim x2 As Double
Dim cal As String
Dim isCal As Boolean
```

定义全局变量，其中 *x*1 和 *x*2 为双精度实数，存放用于计算的两个参数；cal 为字符串类型，记录运算符，如“+”、“–”、“*”、“/”；isCal 是布尔变量，用于判别当前是否需要进行计算，以判断是否需要清空 Label1 标签控件。

```
Private Sub Form_Load()
    Dim i As Integer
    Me.Caption = "简单计算器"
    Me.Move 0, 0, 3585, 3555
    Me.text1.Caption = "0"
    Me.text1.Move 120, 120, 3255, 435
    Me.text1.Alignment = 1
    Me.text1.FontSize = 20
    Me.text1.FontBold = True
    Me.numCmd(0).Move 960, 2520, 735, 495
    For i = 0 To 10
        If i >= 1 Then Load numCmd(i)
        With numCmd(i)
            If i <= 9 Then
                .Caption = Trim(Str(i))
            Else
                .Caption = "."
            End If
            .FontSize = 16
            .FontBold = True
            .Width = numCmd(0).Width
            .Height = numCmd(0).Height
            .Visible = True
            Select Case i
                Case 1
                    .Move numCmd(0).Left - numCmd(0).Width - 120, numCmd(0).Top - numCmd(0).Height - 120
                Case 2
                    .Move numCmd(0).Left, numCmd(1).Top
                Case 3
                    .Move numCmd(0).Left + numCmd(0).Width + 120, numCmd(1).Top
                Case 4
                    .Move numCmd(1).Left, numCmd(1).Top - numCmd(1).Height - 120
                Case 5
                    .Move numCmd(2).Left, numCmd(4).Top
                Case 6
                    .Move numCmd(3).Left, numCmd(4).Top
                Case 7
```

```
                .Move numCmd(1).Left, numCmd(4).Top - numCmd(1).Height - 120
            Case 8
                .Move numCmd(2).Left, numCmd(7).Top
            Case 9
                .Move numCmd(3).Left, numCmd(7).Top
            Case 10
                .Move numCmd(1).Left, numCmd(0).Top
        End Select
    End With
Next i
For i = 0 To 4
    If i >= 1 Then Load calCmd(i)
    With calCmd(i)
        .FontSize = 16
        .FontBold = True
        .Width = calCmd(0).Width
        .Height = calCmd(0).Height
        .Visible = True
        Select Case i
            Case 0
                .Caption = "="
            Case 1
                .Caption = "+"
                .Move calCmd(0).Left + calCmd(0).Width + 120, calCmd(0).Top
            Case 2
                .Caption = "−"
                .Move calCmd(1).Left, calCmd(1).Top - calCmd(0).Height−120
            Case 3
                .Caption = "*"
                .Move calCmd(1).Left, calCmd(2).Top - calCmd(0).Height−120
            Case 4
                .Caption = "/"
                .Move calCmd(1).Left, calCmd(3).Top - calCmd(0).Height−120
        End Select
    End With
Next i
End Sub
```

Form_Load()事件用于设置控件属性，完成控件的基本布局，其中，Load 语句实现了数组控件的生成。需要注意的是，由 Load 语句生成的数组控件的 Visible 属性值默认为 False，必须通过程序修改其属性为 True，该控件才能在窗体上正常显示。

```
Private Sub numCmd_Click(Index As Integer)
    If isCal Then
        text1.Caption = ""
        isCal = False
    End If
    Select Case Index
        Case 0
            If text1.Caption <> "0" Then
                text1.Caption = text1.Caption & numCmd(Index).Caption
            End If
        Case 1, 2, 3, 4, 5, 6, 7, 8, 9
            If text1.Caption = "0" Then
                text1.Caption = numCmd(Index).Caption
            Else
                text1.Caption = text1.Caption & numCmd(Index).Caption
            End If
        Case 10
            If InStr(text1.Caption, ".") = 0 Then
                text1.Caption = text1.Caption & "."
            End If
    End Select
End Sub
```

控件数组事件 numCmd_Click（Index As Integer）主要负责数字符号在标签中的显示 isCal 变量记录前一事件状态（是否单击符号按钮控件数组，如果 isCal 值为 True，则需清空标签控件，即 Label1 的 Caption 值为""）。以上程序还对一些基本数据显示功能做了一定的考虑，如符号“0”和小数点符号“.”的显示问题，具体功能设置如下。

（1）“0”不能为非纯小数数字的第一个符号。

（2）每个数字中只能出现一个“.”符号。

（3）可以用“0.”或“.”两种形式表示纯小数。

Index 参数用于识别是哪个控件数组对象触发了单击事件，以确定显示数字符号的类型。

```
Private Sub calCmd_Click(Index As Integer)
    isCal = True
    Select Case Index
        Case 0
            x2 = Val(text1.Caption)
            Select Case cal
                Case "+"
                    text1.Caption = x1 + x2
```

```
                Case "-"
                    text1.Caption = x1 - x2
                Case "*"
                    text1.Caption = x1 * x2
                Case "/"
                    'text1.Caption = x1 / x2
                    '保留有效数据 13 位
                    If Left(Trim(Str(x1 / x2)), 1) = "." Then
                        text1.Caption = "0" & Left(Trim(Str(x1 / x2)), 13)
                    Else
                        text1.Caption = Left(Trim(Str(x1 / x2)), 14)
                    End If
            End Select
            cal = ""
        Case 1
            x1 = Val(text1.Caption)
            cal = "+"
        Case 2
            x1 = Val(text1.Caption)
            cal = "–"
        Case 3
            x1 = Val(text1.Caption)
            cal = "*"
        Case 4
            x1 = Val(text1.Caption)
            cal = "/"
        End Select
End Sub
```

控件数组事件 calCmd_Click(Index As Integer)用于记录运算符号和实现最终的计算显示功能。通过对参数 Index 的判别，实现对运算符的识别和记录运算状态。在进行除法运算时，为了更好地显示结果，我们利用字符串处理函数 Left()对计算结果做了一定处理，保留 13 位有效数据。

程序运行后的效果如图 10-3 所示。

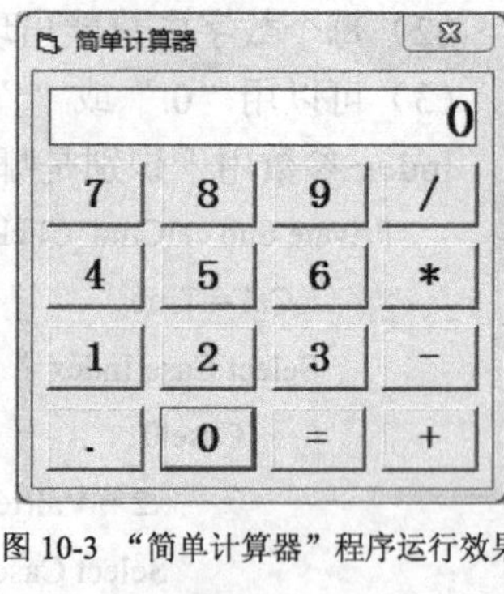

图 10-3 “简单计算器”程序运行效果

【知识拓展与思考】

1．在进行乘法运算时，当运算结果超出了 Label1 控件的显示范围时，结果会如何？

2．在进行运算时，能否实现连算功能，即重复单击“=”符号能否累加或者累乘等？

3．如何改变程序，实现科学计数法，当结果超出控件显示范围时，也能在一定的精度内正确显示结果？

4．如何编程实现更加强大的如 Windows 自带的计算器基本功能？

实训二 记事本

题目：单窗体记事本程序。

【实验目的】

（1）掌握 VB 添加部件方法。

（2）掌握 VB 菜单的创建。

（3）分析程序用户人性化体验的设计需求。

【实验内容】

（1）在工具箱中添加 RichTextBox 和 CommonDialog 控件。

（2）熟悉 CommonDialog 控件的使用。

（3）熟悉过程和函数的创建与调用，完成记事本基本功能。

【预备知识】

1．添加工具箱控件

在工具箱窗体中，单击鼠标右键，选择“部件”命令，弹出“部件”对话框，选择要添加的部件，如图 10-4 所示，单击“确定”按钮，即可完成相应控件的添加。

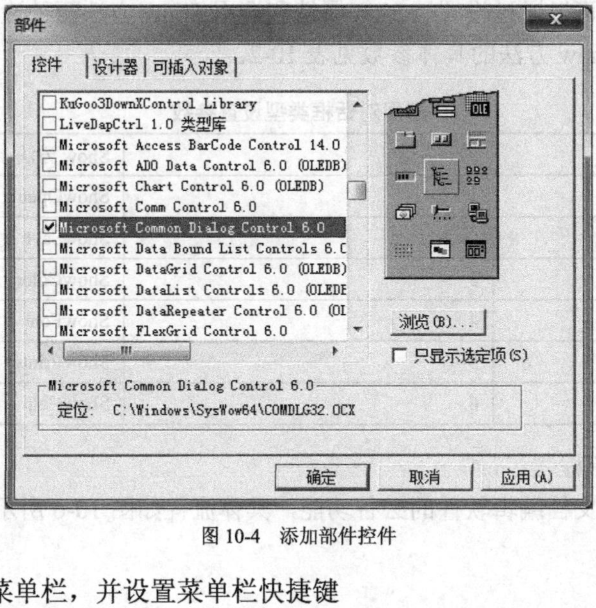

图 10-4 添加部件控件

2．为窗体添加菜单栏，并设置菜单栏快捷键

单击 VB“标准”工具栏中的“菜单编辑器”按钮，在弹出的菜单编辑器中添加相关菜

单项，如图 10-5 所示。

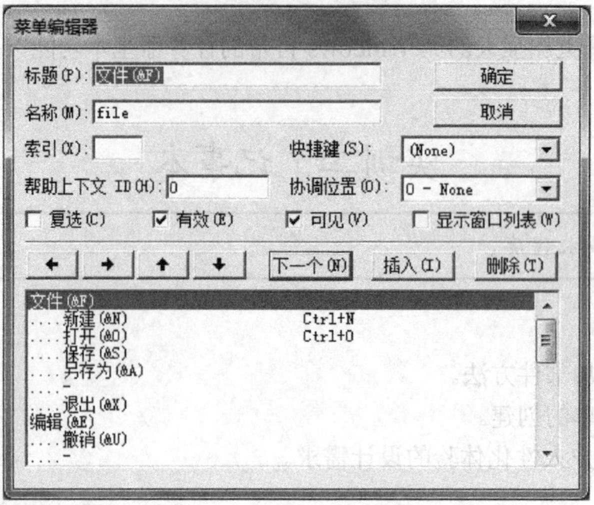

图 10-5 菜单编辑器对话框

（1）创建多级目录菜单。

单击方向键可以调整菜单的结构和层次。

（2）添加快捷键。

"Ctrl+"快捷键的添加：在菜单编辑器的"快捷键"下拉列表框中选择相应选项即可。

"Alt+"快捷键的添加：在"标题"文本框中的标题后添加字符串（&*），*号为任意单个大写字母。例如，输入"文件（&F）"即可为该菜单添加"Ctrl+F"快捷键。

3．通用对话框的使用

在"部件"中添加通用对话框，可以实现保存、打开文件以及设置颜色、字体和打印设置等基本功能，以上可以通过设置 Action 属性和调用 Show 方法两种途径来实现。

Action 属性和 Show 方法的具体参数见表 10-2。

表 10-2 通用对话框类型设置参数

功能	Action 值	Show 方法
打开	1	ShowOpen
另存为	2	ShowSave
颜色	3	ShowColor
字体	4	ShowFont
打印	5	ShowPrinter
帮助	6	ShowHelp

4．文件操作的流程

文件操作几乎是文档编辑软件的必备功能，具体流程如图 10-6 所示。

【实验步骤】

记事本程序运行界面如图 10-7 所示。

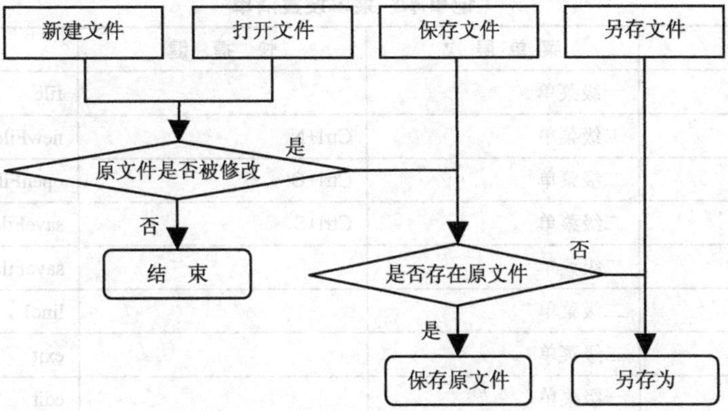

图 10-6　文件操作流程图

步骤如下。

1．创建界面

启动 VB，新建窗体 Form1，参考图 10-7 向 Form1 添加一个通用对话框和 RichTextBox1 文本框控件。

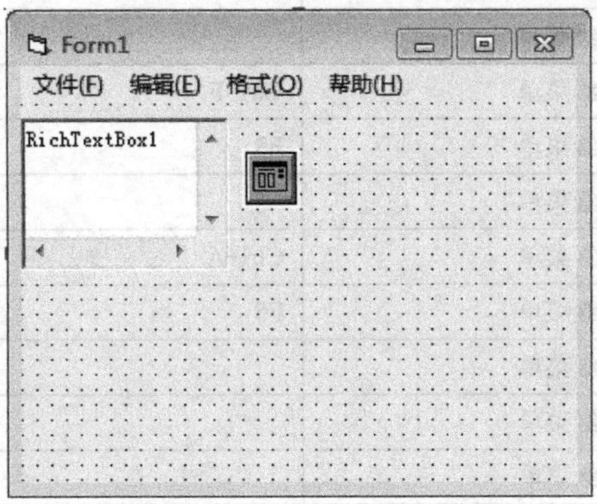

图 10-7　记事本程序界面

2．设计对象属性

“记事本”窗体及控件属性设置见表 10-3。

表 10-3　　“记事本”窗体及控件的属性设置

控　件	属　性	设 置 值
Form	Name	Form1
RichTextBox	Name ScrollBars DisableNoScroll BorderStyle MultiLine	RichTextBox1 3 True 0 True

3．菜单设置清单

“记事本”菜单设置清单见表 10-4。

表 10-4　“记事本”菜单设置清单

标　　题	菜单层次	快捷键	名　称
文件（&F）	一级菜单		file
新建（&N）	二级菜单	Ctrl+N	newFile
打开（&O）	二级菜单	Ctrl+O	openFile
保存（&S）	二级菜单	Ctrl+S	saveFile
另存为（&A）	二级菜单		saveFileTo
-	二级菜单		line1
退出（&X）	二级菜单		exit
编辑（&E）	一级菜单		edit
撤销（&U）	二级菜单		back
-	二级菜单		line2
剪切（&T）	二级菜单	Ctrl+X	cut
复制（&C）	二级菜单	Ctrl+C	copy
粘贴（&P）	二级菜单	Ctrl+V	paste
删除（&L）	二级菜单	Del	delete
-	二级菜单		line3
查找（&F）	二级菜单	Ctrl+F	search
查找下一个	二级菜单	F3	searchNext
-	二级菜单		line4
全选（&A）	二级菜单	Ctrl+A	selectAll
时间/日期（&D）	二级菜单	F5	dateNow
格式（&O）	一级菜单		format
字体（&F）	二级菜单		textFont
颜色（&C）	二级菜单		textColor
帮助（&H）	一级菜单		help
关于记事本（&A）	二级菜单		aboutMe

4．编写程序代码

```
"单窗体记事本
"v1.1 版
"作者：王睿
"2012-02-01
Option Explicit
Dim strFind As String        "查找变量
Dim fileTitle As String "当前文本文件名
Dim fileName As String  "当前文本文件路径
Dim noteText As String  "保存前文本原始数据
Dim preText As String "记录上一步文本内容
```

```
Dim preTextTemp As String "缓存记录内容
Dim saveTo As Boolean "是否调用"另存为过程"

"系统过程、函数
    '新建文件  sub init()
    '保存文件  sub save()
    '判断是否保存  function isIgnore()

Private Sub init() "新建文件
    Me.Caption = "无标题 - 记事本"
    Me.RichTextBox1.Font.Name = "宋体"
    Me.RichTextBox1.Font.Size = 12
    Me.RichTextBox1.Text = ""
    noteText = ""
    fileName = ""
    fileTitle = ""
    preText = ""
    preTextTemp = ""
End Sub

Private Sub save() "保存文件
    If fileName = "" Or saveTo Then    "判断是否为新建文件或是否为被修改文件
        CommonDialog1.Filter = "文本文档(*.txt)|*.txt|RTF 文档(*.rtf)|*.rtf|所有文件(*.*)|*.*"
        CommonDialog1.ShowSave
        fileTitle = CommonDialog1.fileTitle
        fileName = CommonDialog1.fileName
        Select Case Right(fileTitle, 3)
            Case "rtf"
                RichTextBox1.saveFile fileName
            Case "txt"
                RichTextBox1.saveFile fileName, rtfText
            Case "*.*"
                RichTextBox1.saveFile fileName
        End Select
        If fileTitle <> "" Then Me.Caption = Left(fileTitle, Len(fileTitle) - 4) & " - 记事本"
        saveTo = False
    Else
        RichTextBox1.saveFile fileName
        noteText = RichTextBox1.Text
```

```
    End If
End Sub

Private Function isIgnore() As Boolean "判断是否保存
    Dim msg As String
    "判断文件是否被修改
      ' "是" call init
      ' "否" MsgBox()
    If noteText = RichTextBox1.Text Then
        Call init
    Else
        If fileTitle = "" Then msg = "无标题" Else msg = fileName
        Select Case MsgBox("是否将更改保存到  " & msg, 3, "记事本")
            Case 2 "取消
                isIgnore = True
            Case 6 "是
                Call save
                isIgnore = False
            Case 7 "否
                isIgnore = False
        End Select
    End If
End Function

"窗体事件
    '窗体初始化  Form_Load()
    '退出系统  Form_Unload()
    '设置文本框相对窗体位置和大小  Form_Resize()
Private Sub Form_Load() "窗体初始化
    Me.Height = 6000
    Me.Width = 9000
    Me.RichTextBox1.Top = –20
    Me.RichTextBox1.Left = –20
    Call init
End Sub
Private Sub Form_Unload(Cancel As Integer) "退出系统
    If isIgnore() Then Cancel = 1
End Sub
Private Sub Form_Resize() "设置文本框相对窗体位置和大小
```

```
    On Error Resume Next "屏蔽文本框缩放高度异常
    Me.RichTextBox1.Width = ScaleWidth + 35
    Me.RichTextBox1.Height = ScaleHeight + 35
End Sub

"记录当前和上一步文本状态
    'preText  上一步文本状态
    'preTextTemp  当前文本状态
Private Sub RichTextBox1_Change()
    preText = preTextTemp
    preTextTemp = RichTextBox1.Text
End Sub
"文件菜单
    ' 新建文本文件  newFile_Click()
    ' 打开文本文件  openFile_Click()
    ' 保存文本文件  saveFile_Click()
    ' 另存文件  saveTo()
    ' -
    ' 退出系统  exit_Click()
Private Sub newFile_Click() '新建文本文件
    If Not (isIgnore()) Then Call init
End Sub
Private Sub openFile_Click() "打开文本文件
    If Not (isIgnore()) Then
        CommonDialog1.Filter = "文本文档(*.txt)|*.txt|RTF 文档(*.rtf )|*.rtf |所有文件(*.*)|*.*"
        CommonDialog1.ShowOpen
        RichTextBox1.Text = "" '清空文本框
        fileName = CommonDialog1.fileName "获取文件路径
        fileTitle = CommonDialog1.fileTitle "获取文件名
        RichTextBox1.LoadFile fileName
        noteText = RichTextBox1.Text
        If fileTitle <> "" Then Me.Caption = Left(fileTitle, Len(fileTitle) - 4) & " - 记事本"
    End If
End Sub
Private Sub saveFile_Click() "保存文本文件
    Call save
End Sub
Private Sub saveFileTo_Click() "另存文件
    saveTo = True
```

```
        Call save
    End Sub
    Private Sub exit_Click() ''退出系统
        If Not (isIgnore()) Then End
    End Sub

    ''编辑菜单
        '撤销  back_Click()
        ' -
        '剪切  cut_Click()
        '复制  copy_Click()
        '粘贴  paste_Click()
        '删除  delete_Click()
        ' -
        '查找  search_Click()
        '查找下一个  searchNext()
        ' -
        '全选  selectAll_Click()
        '插入日期  dateNow_Click()
    Private Sub back_Click() ''撤销
        RichTextBox1.Text = preText
    End Sub
    Private Sub cut_Click() ''剪切
        Clipboard.Clear
        Clipboard.SetText RichTextBox1.SelText
        RichTextBox1.SelText = ""
    End Sub
    Private Sub copy_Click() ''复制
        Clipboard.Clear
        Clipboard.SetText RichTextBox1.SelText
    End Sub
    Private Sub paste_Click() ''粘贴
        RichTextBox1.SelText = Clipboard.GetText
    End Sub
    Private Sub delete_Click() ''删除
        RichTextBox1.SelText = ""
    End Sub
    Private Sub search_Click() ''查找
        strFind = InputBox("请输入要查找的字、词：", "查找内容", strFind)
```

```
        RichTextBox1.Find strFind
    End Sub
    Private Sub searchNext_Click() "查找下一个
        If strFind <> "" Then
            RichTextBox1.SelStart=RichTextBox1.SelStart + RichTextBox1.SelLength
            RichTextBox1.Find strFind, , Len(RichTextBox1)
        End If
    End Sub
    Private Sub selectAll_Click() "全选
        RichTextBox1.SelStart = 0
        RichTextBox1.SelLength = Len(RichTextBox1.Text)
    End Sub
    Private Sub dateNow_Click() "插入日期
        RichTextBox1.SelText = Hour(Now) & ":" & Minute(Now) & " " & Date
    End Sub

    "格式菜单
        '字体  textFont_Click()
        '颜色  textColor_Click()
    Private Sub textFont_Click() "字体
        CommonDialog1.ShowFont
        RichTextBox1.Font.Name = CommonDialog1.FontName
        RichTextBox1.Font.Size = CommonDialog1.FontSize
        RichTextBox1.Font.Bold = CommonDialog1.FontBold
        RichTextBox1.Font.Italic = CommonDialog1.FontItalic
        RichTextBox1.Font.Underline = CommonDialog1.FontUnderline
    End Sub
    Private Sub textColor_Click() "颜色
        CommonDialog1.ShowColor
        RichTextBox1.SelStart = 0
        RichTextBox1.SelLength = Len(RichTextBox1.Text)
        RichTextBox1.SelColor = CommonDialog1.Color
        RichTextBox1.SelLength = 0
    End Sub

    "关于记事本
    Private Sub aboutMe_Click()
        MsgBox "记事本  Ver1.0  版权所有(C) 2012 ", vbOKOnly, "关于"
    End Sub
```

```
"设置弹出式菜单（即在编辑框中单击鼠标右键时弹出的动态菜单）
Private Sub RichTextBox1_MouseDown(Button As Integer, Shift As Integer, x As Single, Y As Single)
    If Button = 2 Then
        PopupMenu edit
    End If
End Sub
```

在程序清单中，可以看出，作者对程序的重要功能和语句行都做了详细的注释，提高了程序的可读性，便于以后的调试和修改。程序运行效果如图 10-8 所示。

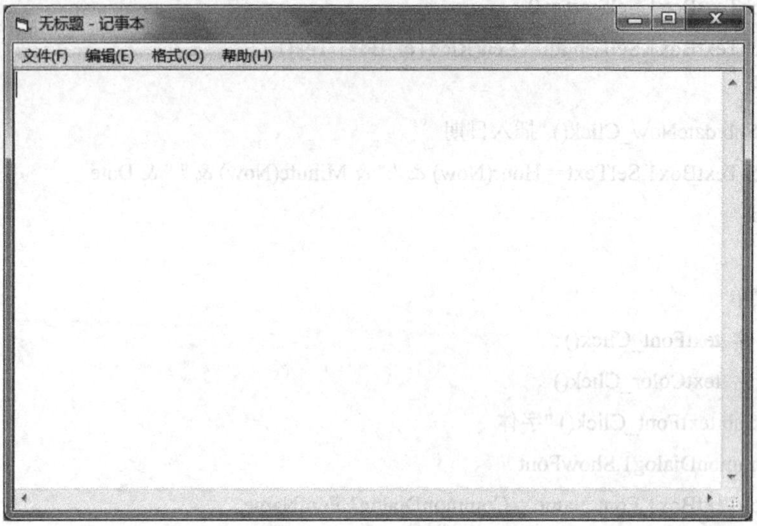

图 10-8 记事本程序运行界面图

【拓展与思考】

参照 Windows 自带记事本功能，完善本程序。

实训三 考试系统

题目：单机版考试系统。

【实验目的】

（1）掌握 VB 读取 Excel 工作表数据的方法。
（2）熟悉随机抽题的基本算法。
（3）了解考试系统的基本客户需求。

【实验内容】

（1）添加控件数组，显示答题状态。

（2）添加时钟控件，实现考试流程控制。

（3）读取 Excel 工作表数据，获取考题信息。

【预备知识】

创建 Excel 对象，读取工作表数据。

```
        Dim MyXL As Object "设置对象
        Set MyXL = CreateObject("excel.application") "设置对象
        Dim mybook
        Dim mysheet
        Set mybook = Nothing "工作簿
        Set mysheet = Nothing "工作表
        Set mybook = MyXL.Workbooks.Open(App.Path & "\exam.xls") "打开工作簿
    Set mysheet = mybook.Worksheets("Sheet1") "打开工作表
    x=mysheet.Range("A1")
    mybook.Close "关闭工作表
    MyXL.Quit "关闭工作簿
```

以上程序段实现了读取 Excel 中 Sheet1 工作表中 A1 单元格数据的功能。

利用 Excel 可以方便管理题库数据。

【实验步骤】

考试系统程序运行界面如图 10-9 所示。

步骤如下。

1．创建界面

启动 VB，新建窗体 Form1，参考图 10-9 向 Form1 添加标签控件 Label1 和标签控件数组 Label2，6 个文本文件用于显示试题信息，6 个单选按钮实现选择和判断题的答题过程，时钟控件 Timer1 对考试状态进行管理，框架 Frame1 用于包含填空题相关答题控件。

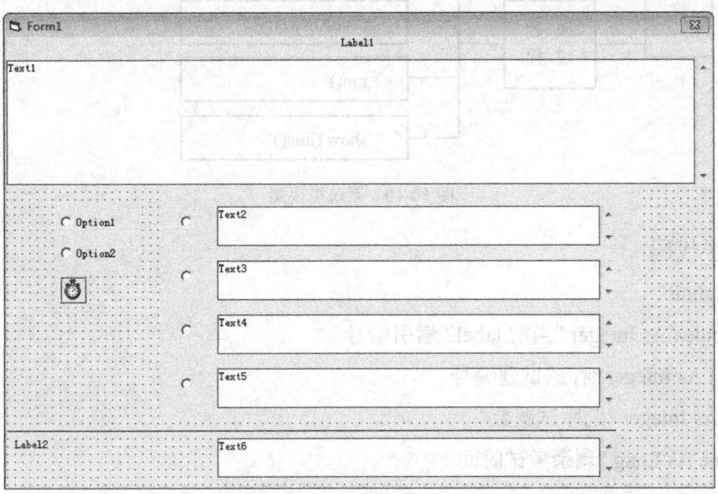

图 10-9 “考试系统”程序界面

2．设计对象属性

窗体及控件属性设置见表10-5。

表10-5　　考试系统窗体及控件的属性设置

控　件	属　性	设 置 值
Form	Name	Form1
	BorderStyle	1
Label	Name	Label1
	Alignment	2
	Name	Label2
	AutoSize	True
	Index	0
Text	Name	Text1~Text6
	Appearance	0
	BorderStyle	1
	ScrollBars	2
	MultiLine	True
Timer	Name	Timer1
	Interval	1000
Frame	Name	Frame1
	BorderStyle	0

3．系统模块图

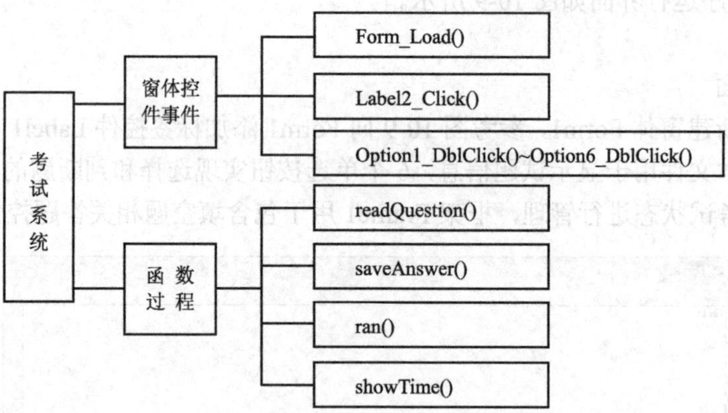

图10-10　系统模块图

4．编写程序代码

```
Option Explicit
Dim nowIndex As Integer "当前 label2 索引编号
Dim rand() As Integer "存放试题编号
Dim num As Integer "题库试题数
Dim reTime As Long "剩余考试时间
Dim question() As String
```

```
"question(,1) 题型
"question(,2) 试题
"question(,3) A
"question(,4) B
"question(,5) C
"question(,6) D
"question(,7) 正确答案
"question(,8) 考生答案

"系统初始化 Form_Load()
Private Sub Form_Load()
    Dim i As Integer
    reTime = 600 "设置考试时间
    Label1.Width = Form1.ScaleWidth
    Label1.Height = 370
    Label1.FontSize = 10
    Label1.FontBold = True
    Text1.Width = Form1.ScaleWidth
    Text1.Height = 1900
    Option1.Caption = "正确"
    Option2.Caption = "错误"
    Option1.Move 500, Text1.Top + Text1.Height + 200
    Option2.Move Option1.Left + 2000, Option1.Top

    Frame1.Move 100, Option1.Top - 200
    Option3.Caption = ""
    Option4.Caption = ""
    Option5.Caption = ""
    Option6.Caption = ""
    Option3.Move 300, 400
    Option4.Move 300, 400 + 800
    Option5.Move 300, 400 + 800 * 2
    Option6.Move 300, 400 + 800 * 3
    Text2.Move 800, Option3.Top–100, 6000, 600
    Text3.Move 800, Option4.Top–100, 6000, 600
    Text4.Move 800, Option5.Top–100, 6000, 600
    Text5.Move 800, Option6.Top–100, 6000, 600
    Text6.Move Option1.Left + 400, Option1.Top + 100, 6000, 600
    Line1.X1 = 0
```

```
    Line1.Y1 = 6000
    Line1.X2 = Label1.Width
    Line1.Y2 = Line1.Y1
    For i = 0 To 9 "生成试题标签控件
        If i >= 1 Then Load Label2(i)
        With Label2(i)
            .Visible = True
            .Caption = "[ " & Trim(Str(i + 1)) & " ]"
            .Top = 6200
            .Left = 100 + 1000 * i
        End With
    Next i
    nowIndex = 0
    Label2(nowIndex).BackColor = RGB(0, 0, 255)
    Label2(nowIndex).ForeColor = RGB(255, 255, 255)
    Call readQuestion
    Call ran(num, 10) "1~10 个随机数
    showQuestion (rand(1))
End Sub

Private Sub Label2_Click(index As Integer)
    Label2(index).BackColor = RGB(0, 0, 255)
    Label2(index).ForeColor = RGB(255, 255, 255)
    Label2(nowIndex).BackColor = &H8000000F
    Label2(nowIndex).ForeColor = RGB(0, 0, 0)
    saveAnswer (rand(nowIndex + 1))
    nowIndex = index
    showQuestion (rand(nowIndex + 1))
End Sub

"功能函数
    '读取试题数据  readQuestion()
    '显示试题  showQuestion()
    '保存答案  saveAnswer()
    '抽题  ran()
    '显示时间  showTime()
Public Sub readQuestion()
    Dim a_Str As String
    Dim b_Str As String
```

```
Dim c_Str As String
Dim d_Str As String
Dim e_Str As String
Dim f_Str As String
Dim g_Str As String
Dim MyXL As Object "设置对象
Set MyXL = CreateObject("excel.application") "设置对象
Dim mybook
Dim mysheet
Set mybook = Nothing "工作簿
Set mysheet = Nothing "工作表
Set mybook = MyXL.Workbooks.Open(App.Path & "\exam.xls") "打开工作簿
Set mysheet = mybook.Worksheets("Sheet1") "打开工作表
Dim i As Integer
num = 1
a_Str = "a" & Trim(Str(num))
While mysheet.Range(a_Str) <> ""
    num = num + 1
    a_Str = "a" & Trim(Str(num))
Wend
num = num–1 "有效数据行（包含标题行）
ReDim question(num –1, 8)
For i = 1 To num
    a_Str = "a" & Trim(Str(i))
    b_Str = "b" & Trim(Str(i))
    c_Str = "c" & Trim(Str(i))
    d_Str = "d" & Trim(Str(i))
    e_Str = "e" & Trim(Str(i))
    f_Str = "f" & Trim(Str(i))
    g_Str = "g" & Trim(Str(i))
    question(i– 1, 1) = mysheet.Range(a_Str)
    question(i–1, 2) = mysheet.Range(b_Str)
    question(i–1, 3) = mysheet.Range(c_Str)
    question(i–1, 4) = mysheet.Range(d_Str)
    question(i–1, 5) = mysheet.Range(e_Str)
    question(i–1, 6) = mysheet.Range(f_Str)
    question(i–1, 7) = mysheet.Range(g_Str)
Next i
num = num - 1 "去除标题行
```

```
        mybook.Close "关闭工作表
        MyXL.Quit "关闭工作簿
    End Sub
    Sub showQuestion(index As Integer) "index:当前试题编号
        Dim typeQ As String
        typeQ = question(index, 1)    "提取题型
        Text1.Text = Str(nowIndex + 1) & "." & question(index, 2) "显示试题
        Select Case typeQ
            Case "判"
                Option1.Visible = True
                Option2.Visible = True
                Text6.Visible = False
                Frame1.Visible = False

                If question(index, 8) = "对" Then
                    Option1.Value = True
                ElseIf question(index, 8) = "错" Then
                    Option2.Value = True
                Else
                    Option1.Value = False
                    Option2.Value = False
                End If
            Case "选"
                Option1.Visible = False
                Option2.Visible = False
                Text6.Visible = False
                Frame1.Visible = True
                Text2.Text = question(index, 3)
                Text3.Text = question(index, 4)
                Text4.Text = question(index, 5)
                Text5.Text = question(index, 6)
                Select Case question(index, 8)
                    Case "A"
                        Option3.Value = True
                    Case "B"
                        Option4.Value = True
                    Case "C"
                        Option5.Value = True
                    Case "D"
```

```
                Option6.Value = True
            Case Else
                Option3.Value = False
                Option4.Value = False
                Option5.Value = False
                Option6.Value = False
        End Select
    Case "填"
        Option1.Visible = False
        Option2.Visible = False
        Text6.Visible = True
        Frame1.Visible = False
        Text6.Text = question(index, 8)
End Select

End Sub
Sub saveAnswer(index As Integer) "index:当前试题编号
    Dim typeQ As String
    typeQ = question(index, 1)    "提取题型
    Select Case typeQ "保存用户当前答题状态
        Case "判"
            If Option1.Value = True Then
                question(index, 8) = "对"
            ElseIf Option2.Value = True Then
                question(index, 8) = "错"
            Else
                question(index, 8) = ""
            End If
        Case "选"
            If Option3.Value = True Then
                question(index, 8) = "A"
            ElseIf Option4.Value = True Then
                question(index, 8) = "B"
            ElseIf Option5.Value = True Then
                question(index, 8) = "C"
            ElseIf Option6.Value = True Then
                question(index, 8) = "D"
            Else
                question(index, 8) = ""
```

```
            End If
        Case "填"
            question(index, 8) = Text6.Text
    End Select
        If question(index, 8) = "" Then '显示答题标签状态
            Label2(nowIndex).Caption = "[ " & Trim(Str(nowIndex + 1)) & " ]"
        Else
            Label2(nowIndex).Caption = "[ " & Trim(Str(nowIndex + 1)) & " √ ]"
        End If
End Sub

Public Sub ran(max As Integer, x As Integer) '生成x个max以内不重复的整数
    Dim i As Long '循环变量
    Dim j As Long '循环变量
    Randomize
    ReDim rand(x)
    For i = 1 To x
        rand(i) = Int(Rnd() * max) + 1
        For j = 1 To i - 1
            If rand(i) = rand(j) Then i = i - 1
        Next j
    Next i
End Sub
Private Sub Timer1_Timer()
    Dim i As Long
    Dim score As Long
    reTime = reTime - 1
    If reTime = 60 Then
        MsgBox "离考试结束还有一分钟，请考生认真答题！", vbCritical, "提示"
        Label1.ForeColor = RGB(255, 0, 0)
    End If
    If reTime = 0 Then
        score = 0
        For i = 0 To 9
            If question(rand(i + 1), 7) = question(rand(i + 1), 8) Then score = score + 1
        Next i
        MsgBox "考试结束，你答对了：" & Str(score) & "题", vbCritical, "提示"
        End
    End If
```

```
        Label1.Caption = "离考试结束还有 " & showTime(reTime)
    End Sub
    Function showTime(num As Long) As String
        "minuteInt 剩余分钟：整数
        "secondInt 剩余秒：整数
        "minuteStr 剩余分钟：字符串
        "secondStr 剩余秒：字符串
        Dim minuteInt As Integer
        Dim secondInt As Integer
        Dim minuteStr As String
        Dim secondStr As String
        minuteInt = num \ 60 "计算剩余时间（分钟）
        secondInt = num Mod 60 "计算剩余时间（秒）
        If minuteInt < 10 Then "分钟字符串：二位修正
            minuteStr = "0" & Trim(Str(minuteInt))
        Else
            minuteStr = Trim(Str(minuteInt))
        End If
        If secondInt < 10 Then "秒字符串：二位修正
            secondStr = "0" & Trim(Str(secondInt))
        Else
            secondStr = Trim(Str(secondInt))
        End If
        showTime = minuteStr & ":" & secondStr "返回剩余时间字符串
    End Function
    "答题事件,放弃答题
    Private Sub Option1_DblClick()
        Option1.Value = False
    End Sub
    Private Sub Option2_DblClick()
        Option2.Value = False
    End Sub
    Private Sub Option3_DblClick()
        Option3.Value = False
    End Sub
    Private Sub Option4_DblClick()
        Option4.Value = False
    End Sub
    Private Sub Option5_DblClick()
```

```
    Option5.Value = False
End Sub
Private Sub Option6_DblClick()
    Option6.Value = False
End Sub
```

以上程序实现了考试过程中的各类基本需求，对考试状态，如时间、答题状态给予提示，能够满足一般考试应用需求。程序运行效果如图 10-11 所示。

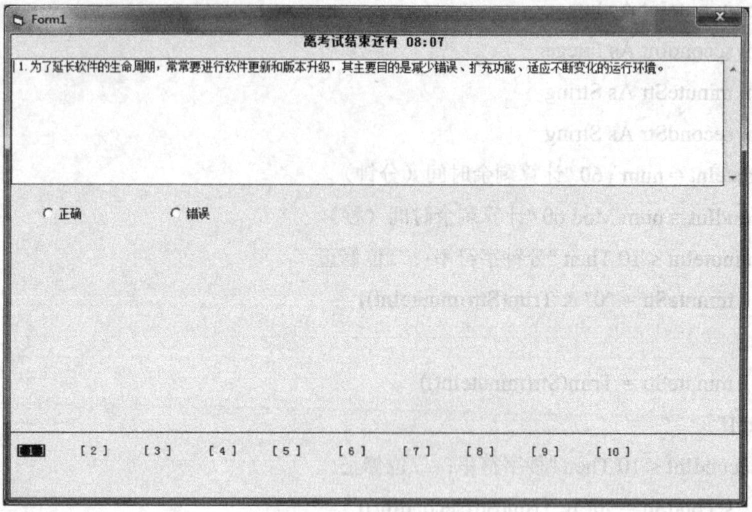

图 10-11　考试系统运行效果

【拓展与思考】

1．修改程序，改变本系统中对答题数量的限制。
2．完善程序，利用 Instr()函数实现分数统计时对填空题的多正确答案进行判别。
3．编写程序，共享试题数据库，改原单机版考试系统为网络环境考试系统。